意大利城市滨河空间保护与更新

张 靓 著

东南大学出版社
·南京·

图书在版编目(CIP)数据

意大利城市滨河空间保护与更新 / 张靓著. --南京：
东南大学出版社，2019.12
　ISBN 978-7-5641-8190-1

　Ⅰ.①意… Ⅱ.①张… Ⅲ.①城市空间-建筑设计-
研究-意大利　Ⅳ.①TU984.11

中国版本图书馆 CIP 数据核字(2018)第 292124 号

意大利城市滨河空间保护与更新
Yidali Chengshi Binhe Kongjian Baohu Yu Gengxin

著　　者	张　靓	
责任编辑	魏晓平	
出版发行	东南大学出版社	
出 版 人	江建中	
网　　址	http://www.seupress.com	
电子邮箱	press@seupress.com	
社　　址	南京市四牌楼 2 号	
邮　　编	210096	
经　　销	全国各地新华书店	
印　　刷	江苏凤凰数码印务有限公司	
开　　本	700 mm×1000 mm　1/16	
印　　张	14.5	
字　　数	256 千	
版　　次	2019 年 12 月第 1 版	
印　　次	2019 年 12 月第 1 次印刷	
书　　号	ISBN 978-7-5641-8190-1	
定　　价	68.00 元	

本社图书若有印装质量问题，请直接与营销部联系。电话(传真)：025-83791830

序　一

纵观城市的历史,从它们的演变可以看出城市的扩展轨迹,同时直接或间接影响着城市的结构和景观,似乎每一块砖头后面都藏着一个故事,无声地彰显出历史的厚重感。巴黎的发展是源于西堤岛的宗教和商业活动的交流,第一道防御设施就是塞纳河提供的天然防护;伦敦的扩张沿泰晤士河岸建设城市中心区,老城区延续盎格鲁—撒克逊民族文化的烙印,以保留其原有的街道景观;古有"第三个罗马"之称的莫斯科,宽阔的莫斯科河蜿蜒穿过城区,新城区超过了老城区的数倍,扩大的人口数量和建筑规模并没有改变城市发展的传统概念,也没有对城市实际的发展趋势造成影响;同样,素有"北方威尼斯"之称的俄罗斯第二大城市圣彼得堡,在涅瓦河口建设城市中心,塑造一个严整而富于活力的滨水城市空间格局,从它们的起始状态一直追寻到随着时间不断发展出的各个时期的变体,以验证城市在演变中的实际情况。这些城市的发展告诉我们,滨河地区作为城市发展最早的地区,见证了城市的历史变迁,形成了不同地域的特色文化景观,城市更新过程中应当注重城市历史文脉的延续性,解决其保护与发展的矛盾是可能的。

站在哲学的高度上以历史的维度去审视城市与人类文明的关系,可以看到当代城市的危机,实则是文明的危机,城市空间"碎片化"的根源在于历史洞察力的缺失,因此城市文化遗产保护日益受到国际社会和学者们的重视。早期意大利城市规划学鼻祖乔瓦诺尼的著作《旧城与新建》,提出了一个新的城市设计的理论与方法,即以历史的角度出发,传统和现代可以是一个"有机体"的协调共存,其表现的城市形态是一个持续发展进程的过渡性呈现。其后,罗马大学的穆拉托里教授通过对城市肌理的研究,认为历史在不同尺度层级上都是可以被"阅读"的,具体到科学的操作上,城市的更新与发展的必须在历史和整体的视野下进行。

本书作者张靓博士留学于意大利,在中意两国政府间科技合作项目计划的支持下,以都灵波河为例,研究意大利城市演变及更新过程中,城市滨河地区历史地段公共空间保护的策略和方法,从遗产保护制度和城市设计层面系统分析、梳理与总结。借鉴意大利在城市遗产保护更新中的有益经验,全面比较中意两国遗产保护制度的异同,通过案例探讨其可行的技术措施和保障策略,对我国城市建设的保护实践具有理论意义和实用价值。此书为研究者提供新的视角,文中的文献为作者自意文原版的翻译整理,对于目前国内相关领域的资料是很好的补充。

　　张靓博士是我院青年骨干教师。记得三年前她带着她的博士论文来苏州大学应聘教师时,她的教育背景和学术水平给我留下了较深的印象,年轻的她拥有双博士学位,既是大学教师,也是一名具有职业资质的建筑师,这是令人羡慕的。然青年学者,心若素简,涵深品高,淡然中蕴含了执着的追求,实乃可贵。现专著出版,授其嘱,有感为序。

吴永发

苏州大学建筑学院院长、教授、博士生导师
全国高等教育建筑学专业指导委员会委员

序　二

　　水是生命之源,是一切生物赖以生存的最重要物质资源。对于人类而言,水不但是生命的依托,同样也是孕育文明的最重要因素之一,尼罗河流域的古埃及文明、两河流域的古巴比伦文明、印度河恒河流域的古印度文明以及黄河长江流域的中华文明都与水有着不可分割的紧密关系。

　　作为人类文明集中地的城市无不以水为先,水对城市的作用是全方位全过程的,水既影响了人们的生活,也影响了城市的布局和风格,最终积淀成城市的特有文化。"上有天堂,下有苏杭"在中国妇孺皆知,正是因为有了浓妆淡抹总相宜的西湖和小桥流水人家的水陆并行交通系统,才使苏杭二地名闻天下。水不但是城市的自然元素,也是城市的文化元素。

　　在城市内部,滨水滨河地区往往是城市发展最早的地区,蕴含着丰富的文化信息资源。一条河流本身就是一部历史,见证了城市的兴衰成败与历史变迁,留下了许多具有历史价值的遗迹和文化景观。当前中国在急速城市化进程中,很多滨水地区深受功能转换、经济开发带来的种种困扰。如何在快速城市更新发展过程中妥善解决保护与发展的矛盾,保持历史文脉的延续性是学术界非常关注的课题。

　　作为一名具有强烈进取心的青年学者,张靓博士敏锐地选取"历史地段型城市滨河地区公共空间保护更新"作为博士论文的选题,立志在这一领域成一家之言。在有幸获得"国家建设高水平大学公派研究生项目"资助后,通过中意两国政府间科技合作项目(历史文化遗产与景观保护研究)的平台,赴意大利都灵理工大学留学两年。在保罗教授(Paolo Cornaglia)和米凯拉博士(Michela Benente)的指导下,研究都灵市中心波河滨水地区公共空间的保护和更新策略,从而挖掘意大利在保护制度、保护更新策略以及策略实施保障上的特色,进而从制度层面和城市设计层面建立滨河地区保护更新的理论框架。研究的成果具有创见和新意,得到了中意两国评委的充分肯定,分别被授予意大利博士学位和中国博士学位。她的成果丰富了国内在这一领域的理论,对中国类似地区具有很好的借鉴指导作用。

张靓博士目前已经任教于著名的百年学府苏州大学,承担起为国家培养栋梁之材的任务。作为她的博士研究生导师,为她甘于寂寞、献身教育事业的选择感到无比欣慰,衷心祝愿她秉持"养天地正气,法古今完人"的理想,培育一大批兼具"自由之精神、卓越之能力、独立之人格、社会之责任"的优秀人才。

古人云:"仁者乐山,智者乐水。""水"满足了人们观水、近水、亲水的天性,也为人们提供了丰富的文化源泉;与此同时,人的参与则进一步扩展了"水"的文化内涵。正因为如此,"水文化"才生生不息,源源不断。作为中国历史悠久的水乡泽国和具有"东方威尼斯"美誉的苏州,在城市水文化资源方面更具独特的优势,在华夏水文化中占有特殊的地位。期待张靓博士能够充分发挥自己的专长,融贯东西文化,将研究成果运用于苏州滨水空间的保护更新之中,为建设"美好苏州""梦里水乡"做出贡献。

是为序!

4

同济大学建筑与城市规划学院教授、博士、博士生导师
上海建筑学会理事、室内外环境设计专业委员会副主任
中国美术家协会环境设计艺术委员会委员
甲午年春于同济园

序　三

As the tutor, with the friend and colleague Michela Benente (on the
Italian side), of Zhang Liang's PhD dissertation about the protection of
riverfront as heritage, I'm very glad to depict the value and the meaning of
this work in a few words. Zhang Liang stayed two years in Turin, studying
on many different sources about the Italian system of regulations for pro-
tecting heritage, and other levels of protection, related to the regional gov-
ernment and the local one (municipality). At the same time, she studied
the history of riverfront places, to understand deeply the reason of the val-
ue of this heritage, the construction — step by step, century by century —
of the characterizing elements of a place, the place spirit (*genius loci*). Li-
ang not only studied but also lived in the town, feeling directly the histori-
cal quality of the place, discussing with Italian colleagues and professors —
from Turin or not — of this topic. Generally, the river is the main reason
of the foundation or the life of a city, which often flows in the middle, like
in Paris, London, Pisa or Florence. This is not what happened in Turin:
the city located at the crossroads of three rivers, very close to two of them,
but at the beginning the walls of Turin were far from the Po River, the ba-
roque expansion in the 17th and 18th century didn't reach the Po River too
because of security reasons, and the only bridge to connect Turin with the
roads to Castle and the sea never had a permanent and strong structure un-
til 19th century. Only after the demolition of the bastions, ordered by
Napoléon, the city could grow and plan a riverfront. Along the river e-

merged, step by step, monumental squares like Piazza Vittorio, tree lined avenues, the city park (Valentino), and the Murazzi, a mixed system of stores, banks along the river for walking, avenues for carriages, coaches and horses. Finally the town crossed the river, beginning to plan the two sides together, as for Piazza Vittorio on the left one and the Gran Madre Church on the right one, linked by the bridge in a well conceived urban and architectural system. This multi-level and multi-value system is protected by national acts about architecture and landscape (the right side of the river shortly shows gentle slopes and hills, full of woods and villas), but at the same time by the regional and local regulations: this doesn't avoid having new and complicated project of enhancement of the urban environment a-bout circulation and traffic, with great public debates and discussions. It happened about the idea of a tunnel to hide the urban traffic just in front of the Gran Madre Church, about the undergroud parking behind the same church, about a new bridge close to the old one. These conceived works sometimes give a better protection to the monuments and the landscape, but since these works were huge, expensive and dangerous, people protes-ted. The stakeholders and the Monument Protection Office changed opinion and decisions for many times, so the urban townscape hasn't changed yet in

that area. Likewise, in Shanghai the town developed mainly on a side of the Huangpu River, as the impressive and monumental Bund showed us. Huge works of transformation changed completely the relationship between the town and the river, properly masking the urban traffic in tunnels and giving back to the people the right to stroll along the river, looking at the new district of Pudong, proudly filled by skycrapers. Zhang Liang worked long time on this topic, at first for the PhD dissertation with a double de-gree (Italian and Chinese, at Politecnico di Torino, with professors Paolo Cornaglia and Michela Benente, and Tongji University, with professor

Chen Yi, discussed in July 2012, within the Sino-Italian intergonvernmental scientific and technological cooperation project, exchange of knowledge for heritage and landscape preservation), then for final PhD dissertation discussed at Tongji University in July 2013. This book comes from the last work, and discusses the protection and regeneration of the public space of historic urban riverfront from the perspective of heritage protection, mainly studied how to meet the functional requirements of the modern waterfront landscape as well as protect and maintain urban historical context in the process of regeneration, in order to shape riverfront landscape with urban feature, setting out the topic under the background of "sustainable development". After some chapters dedicated to the theoretical development of heritage protection in the world, to the Italian heritage protection regime and, finally, to the comparison between the Italian and the Chinese regulations and acted by six parameters (administrative, legislative, financial security, monitoring and evaluation, public participation, education and counseling), the work focuses on the general interpretation of the concept of historic riverfront, analysed by four main elements: spatial, natural, human and the landscape. In this global framework the author inestigates the "Case Study of the Protection and Regeneration of Public Space of Historic Urban Riverfront in Turin", selecting the three main areas we spoke about before (Vittorio Square, Valentino Park and Murazzi), trying to extract good practices and planning useful for the Shanghai current situation, envisaging new strategies. The book reflects the good results of the international cooperation about heritage protection, at the university level, the fertile ground where experts grow and can be aware of problems, case studies, methods, politics. In the new international framework of relationships, where exchanges improve year by year and where everything is on the net and connected, this is the way to operate and go ahead. Thanks to the PhD dissertation of Zhang Liang and to this interesting book，another step in this direction has been done .

Paolo Cornaglia
都灵理工大学建筑与城市学院教授、博士、博士生导师
2019 年 3 月

前　言

　　每一条河流本身就是一部历史,见证了城市的兴衰成败与历史变迁,形成了不同地域各具特色的水文化。法国的塞纳河、英国的泰晤士河、德国的易北河、意大利的波河都是欧洲各国滨河城市历史变迁的见证者。滨河地区作为城市发展最早的地区,历史一般比较悠久,蕴含着丰富的文化信息资源。一部分滨河地区留下了许多具有历史价值的遗迹和文化景观,即本书的研究对象——历史地段型城市滨河地区。这类区域是城市开发过程中的重要资源,在提高城市环境质量、丰富地域风貌、促进城市经济发展等方面具有极为重要的作用。

　　如今,"可持续发展"思想已广泛影响到政治、经济、社会、技术、文化、美学等各个方面。城市可持续发展的一个基本因素就是历史地区的保护和延续,要求城市具有包容、再生的能力。如何在快速城市更新发展过程中解决保护与发展的矛盾,在城市发展中保护历史文脉的延续性,并使城市特色得到进一步发扬,是日益受到国际文化遗产研究重视的一个重要问题。历史地段型城市滨河地区作为保持城市特色、增强城市可持续发展能力的重要资源,其更新应创造性地保护历史见证物,保护地方文脉的延续和渗透,促进空间环境的改造和进步。

　　近年来,有关"滨河地区"保护和更新的研究受到国际学术界的极大关注。关注的内容从开始的以绿化、环境、建筑、历史等设计领域的内容为主,逐步引入政府决策、政策扶持、房地产市场波动、城市生态、可持续发展乃至全球城市网络和区域经济大循环等等重要因素,逐渐形成了日趋成熟的城市滨河地区更新的理论。在滨河地区更新的战略理念上强调地区整体长期的复兴计划,充分挖掘旧区中一切积极因素,注重建筑与环境结合、历史与未来结合;在计划实施中强调要将经济开发、历史文化、城市发展结合起来;在项目管理中,则成立跨部门的协调机构,统筹城市旧区的开发运作;在资金的组织上,主张公私协作,以有限的政府投资吸引带动私人资本投入;在政策法规的制定上重视可实施性和公众参与。

本书主要选取流经城市中心区域的河流段作为研究对象,这些河段往往是城市发展的起源,具有更为复杂的历史背景,也是河流与城市相互影响因素最为复杂的区段。针对其富有历史文化价值和线性空间的特点,本书从保护制度和保护策略两个层面研究如何在更新过程中既能满足现代的滨河景观的功能需求,又能够保护和传承城市历史文脉,塑造有城市特色的滨河景观。主要涉及以下几个重要概念:

(1) 历史地段

《华盛顿宪章》中指出,"历史地段是指城镇中具有历史意义的大小地区,包括城镇的古老中心区或其他保存着历史风貌的地区","它们不仅可以作为历史的见证,而且体现了城镇传统文化的价值"。由此可见,"历史地段"是指那些能够反映社会生活和文化的多样性,在自然环境、人工环境和人文环境等方面包含着城市的历史特色和景观意象的地区,是城市历史活的见证[①]。

"历史地段型滨河地区"则是指在城镇地段具有重要历史文化价值的河滨区域[②]。该类区域的保护更新工作须以历史文脉的延续为宗旨,妥善解决保护与发展的矛盾。

(2) 城市滨河地区

本书中的城市滨河地区特指位于城市中心区滨临江河的区域,常被视为城市中最具亲和力的公共休闲空间场所。滨河与常见的滨水概念不同,

---

① 李其荣.城市规划与历史文化保护.南京:东南大学出版社,2003:93-94
② 王志芳,孙鹏.历史地段型滨水区景观保护的内容和处理手法探析.中国园林,2000,16(6):36-39

滨水泛指水边,包括海滨、湖滨和河滨等,而滨河特指濒临河道,呈现出明显的线性特征。城市滨河地区所处的城市中心区往往是具有一定历史文化的区域,它是重要的、多元化的城市空间,在功能上呈现出很大的混合特征。这里的滨河地区与由于城市扩张而形成的新的城市滨水区不同,它是城市发展的起源,具有更为复杂的历史背景,也是相互影响因素最为复杂的区段。城市滨河地区是城市中人工系统与自然生态系统交融的城市公共开敞空间,同时它涵盖物质空间与人文景观两个层次,在内容上不仅限于物质实体环境,也包括附着在实物形态上的社会、经济、文化等非物质环境。

(3) 保护更新

更新(renewal)是指针对城市现存环境,为了适应城市发展的要求和满足城市居民生活的需要而对建筑、空间、环境等进行的必要的调整和改变,是有选择地保存、保护并通过各种方式提高环境质量的综合性工作。它既不是大规模的拆建,也不是单纯的保护,而是对城市发展的一种适时的"引导"。按照吴良镛先生在《北京旧城与菊儿胡同》中的诠释,更新主要包括以下几种内容:①改造、改建或者开发(redevelopment),指比较整体地改变现存环境,开拓空间或增加内容以提高环境质量;②整治(rehabilitation),指对现有环境进行合理调节利用,一般是小规模或者局部的调整;③保护(conservation),指对具有保存价值的现状加以维护,基本不做改变[1]。

"城市滨河地区的保护更新"可以说是"城市更新"(urban renewal)的一部分。城市更新是 1950—1960 年代在欧美兴起的一门社会工程科学,研究如何从整个城市的角度出发,对不适应现代化城市要求的城市区域进行有计划的改造,使其具有现代化城市的本质,为市民创造更美好、更舒适的生活环境。目前的城市更新规划与设计已经从单纯的物质环境改造规划转向社会、经济发展规划和物质环境改善规划相结合的综合更新规划。

3

---

① 吴良镛.北京旧城与菊儿胡同.北京:中国建筑工业出版社,1994:225

本书以意大利遗产保护制度的研究为切入点,并以都灵波河为例,研究意大利在城市演变及更新过程中历史地段型城市滨河地区公共空间保护更新的策略和方法,深入挖掘意大利在保护制度、保护更新策略以及策略实施的保障方面的特色,旨在从制度层面和城市设计层面初步建立历史地段型城市滨河地区公共空间保护更新的基础理论框架,在理论上和实践上借鉴意大利的经验,指导我国城市中心滨河地区的有机更新,系统探讨其保护、利用和发扬的方法、手段,使城市滨河地区的特色得以发扬,促进城市的可持续发展,从而为我国滨河地区的保护实践提供具有普遍意义的对策。

从理论意义看,开展本项研究工作,有助于学习欧洲国家的先进经验,提高我国在滨河地区保护更新方面的理论水平与研究水平,特别能弥补我国在保护制度方面的缺陷,为开展我国的相关保护工作奠定理论基础。从实际应用价值看,如何在城市快速发展过程中保护滨河地区的历史文脉是一个在世界范围内值得研究的课题。保护和利用好滨河地区周边的传统环境,为未来寻求保护的途径和方法,对于延续城市的历史文脉、传统特色和保持城市的风貌特征,都具有相当重要和深远的意义。

本书以城市中心滨河地区为传统文脉保护的主要对象,通过研究和比较中意两国不同历史和文化背景下发展而来的保护制度与策略、方法,提出快速城市化进程中保护历史地段型城市滨河地区公共空间的对策与建议,寻求科学的手段来保持这一城市与自然共同作用区域的传统风貌和特色,对于城市环境建设的可持续发展具有重要的指导意义与使用价值。

本书包含制度篇和策略篇两部分,其中第1、2、3章分属于制度篇,主要从遗产保护制度层面讨论适用于滨河地区保护更新的制度保障,第4、5、6章分属于策略篇,主要讨论滨河地区保护更新具体的城市设计策略以及如何保障该策略实施的方法,主要研究框架如图0-1所示。

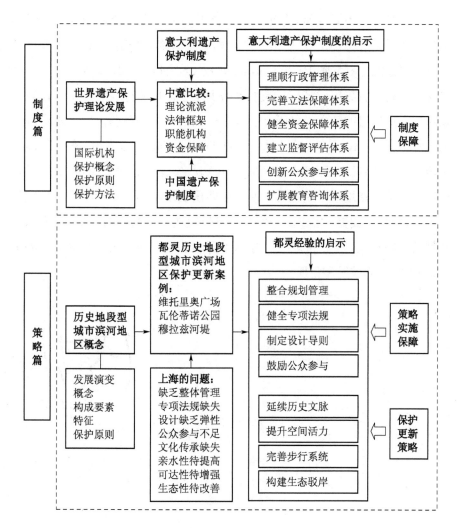

图 0-1　研究框架

本书是在笔者博士论文研究基础上整理而成的,为中华人民共和国科学技术部和意大利外交部的政府间科技合作项目(历史文化遗产与景观保护研究)的成果,并得到了国家留学基金委员会的资助。书稿的付梓凝聚了博士阶段研究的心血,也离不开导师、家人、朋友的帮助和支持。首先要感谢我的导师陈易教授,从论文选题、资料来源到论文写作、书稿完成,一直给予我悉心指导和不懈支持，为此倾注了许多心力。先生严谨踏实的治学作风和诲人不倦的精神、丰富广博的学识和敏锐深刻的洞察力，也将使我受益终身。感谢意大利导师 Paolo Cornaglia 教授和 Michela Benente 博士，为该书核心资料的收集提供持续的支持和帮助，与他们没有隔阂的交流让我得以对意大利先进的教学与科研方法有了全面而深入的体验。感谢都灵理工大学的 Luciano Re 教授、帕维亚大学的 Tiziano Cattaneo 先生、挚友 Rossella Fici 女士、都灵理工大学图书馆和都灵市档案馆的管理人员，在书稿写作过程中毫不保留地给予无私的帮助。还要由衷地感谢东南大学出版社的戴丽社长、魏晓平编辑，为本书的修改与出版倾注了大量心血。最后，谨以此书献给我的家人，本书的顺利付梓离不开他们的无私付出、无微不至的关心、一如既往的鼓励和督促。

2019-12-25

目　录

上篇　制度篇

下篇　策略篇

上篇　制度篇

第1章　世界遗产保护的理论发展

文化遗产是全人类的财富,保护文化遗产不仅是每个国家的重要职责,也是整个国际社会的共同义务。因此,多年来联合国教科文组织及有关非政府组织通过了一系列世界文化遗产保护的宪章、公约、宣言、决议等重要法律文件,旨在促进国际社会对人类文化遗产的保护,并取得了巨大成就。这些国际宪章、公约、建议书等是保护文化遗产的纲领性、法规性文件,也是国际社会在遗产保护领域的经验总结、原则共识和技术规范,凝聚了世界文化遗产保护理论与实践发展的精髓。本章从分析文化遗产保护的国际宪章和重要文件入手,梳理文化遗产保护理论的发展脉络,从根本上理解遗产保护概念、原则和方法的演变对实际工作的指导意义。

1.1　遗产保护的相关国际机构

第一个与遗产保护相关的重要国际组织——国际联盟,成立于1920年。该组织由于美国拒绝加入,实际上主要由欧洲国家所主导。欧洲第一次可以在超国家的层次探讨具有普遍性的社会与文化问题,使人们认识到国际协作、国际条约的指导和约束作用的重要性。

如今,与文化遗产保护相关的国际组织和机构,可以分为以下六大类别[①]:

① 联合国教科文组织(UNESCO)和国际文化财产保护与修复研究中心(ICCROM)等相关类型的政府间的公共组织机构;

---

① 张松. 历史城市保护学导论——文化遗产和历史环境保护的一种整体性方法. 上海:同济大学出版社,2008:228-229;张松. 城市文化遗产保护国际宪章与国内法规选编. 上海:同济大学出版社,2007:3-7

本段内容根据以上资料整理。

② 国际古迹遗址理事会(ICOMOS)和国际产业遗产保护联合会(TIC-CIH)等专家组成的专业性非政府组织(NGO);

③ 欧洲议会(EP)、东盟(ASEAN)等地区性政府间的组织;

④ 世界遗产城市组织(OWHC)等与历史城市保护相关的城市间合作机构;

⑤ 志愿者组织之类的遗产保护方面的义务性、非营利性国际团体;

⑥ 为文化遗产保护相关调查研究或其他保护活动提供资金援助和技术等支持的民间非营利组织(NPO)。

1.2 保护概念的形成和延伸

1.2.1 保护概念的萌芽①

(1)《建筑的七盏明灯》

19 世纪,被称为建筑遗产保护巨人的英国思想家约翰·罗斯金(John Ruskin)在 1849 年出版的《建筑的七盏明灯》一书中,对古建筑保护和盲目修复带来的问题进行了深刻的论述,他明确指出:"建筑应当成为历史,并且作为历史加以保护,应小心呵护看管一座老建筑,尽可能守卫着它,不惜一切代价,保护它不受破坏,而所谓的修复其实是最糟糕的毁灭方式。"

(2)《SPAB 宣言》

1877 年,由威廉·莫里斯(William Morris)创立了古建筑保护协会(The Society for the Protection of Ancient Buildings,SPAB)。该协会是历史上最悠久的、规模最大并拥有最多技术人员的国家组织。当时维多利亚风格的修复潮流正在流行,中世纪建筑被完美无缺地恢复到维多利亚时代建筑风格,而无视后来各时代的改建、扩建,从而导致严重的修复性破坏。SPAB 的成立正是试图将古建筑从衰败、摧毁损坏以及盲目的修复之风中解救出来。

1877 年,SPAB 成立时,威廉·莫里斯和其他创始人一起起草了《SPAB 宣言》(SPAB Manifesto),以回应当时保护修复中存在的问题。宣言将保护

---

① 张松. 历史城市保护学导论——文化遗产和历史环境保护的一种整体性方法. 上海:同济大学出版社,2008:229-230

对象延伸至"所有时期的和所有形式的"遗留物,强烈抨击了欠考虑的破坏性修复行为使建筑成为"没有活力和生命力的伪造品",并号召保护(protection)而不是修复古建筑。宣言还进一步指出应通过日常维护(daily care),如通过结构性支撑或修补漏项等方式使建筑免于衰败和毁灭,同时应拒绝所有对建筑结构或是建筑装饰构件的干预,如果古建筑已不适应当代的使用,应该修建新的建筑来满足,而不是随意改变或增建古建筑。宣言主张将古建筑看作艺术史的纪念物,应按照过去的方式对待它们,不能用当代艺术的思想来处理它们。

《SPAB宣言》距今已近140年,但宣言的精神传承至今,对历史的尊重是对待遗产的基本态度。当然,宣言中的部分主张也有一定的局限性,如拒绝对所有建筑结构或是建筑装饰部件的干预,反对改动建筑以适应当代要求等。

(3)《马德里大会建议书》

1904年,第六届国际建筑师大会(Sixth International Congress of Architects)在西班牙马德里召开,会上讨论了当代建筑中的"当代艺术"、普通建筑教育的研究等多项议题,相关讨论和建议收录在大会通过的《马德里大会建议书》中。

会议第二项议题"建筑纪念物的保护与修复"(the preservation and restoration of architectural monuments)采纳了六条建议,主要内容涉及:将建筑纪念物分为死的和活的两类,对死的建筑纪念物应冻结保存,对继续使用的活的历史纪念物应进行修复,为保持建筑纪念物的统一性,修复应按当初的样式进行。此外,还建议从事"保护与修复"工作应有国家资格或特别的认定制度;每个国家应成立保护建筑和艺术纪念物的组织,共同协作完成国家和地方的建筑文化遗产名录的编制。

虽然建议书中"风格修复"的味道依然浓重,但值得肯定的是,此时关于历史建筑修复的理论已具有一定科学性。国际历史保护专家认为,《马德里大会建议书》中的"建筑纪念物的保护与修复"六条建议,可以看作世界文化遗产保护相关宣言、公约的起始点。此后的100多年里,共有近百份关于遗产保护的国际公约、宪章、建议书和宣言问世,这些国际文件共同见证了世界文化遗产保护的发展历程。

1.2.2 保护概念的形成——历史纪念物

(1) 1931 年《雅典宪章》

1931 年 10 月 21 日至 30 日,第一届历史纪念物建筑师及技师国际会议(The First International Congress of Architects and Technicians of Historic Monuments)在雅典召开。会议就保护学科及普遍原理、管理与法规措施、古迹的审美意义、修复技术和材料、古迹的老化问题、国际合作等议题进行了充分讨论[①]。会上通过了《关于历史性纪念物修复的雅典宪章》(The Athens Charter for the Restoration of Historic Monuments,简称《雅典宪章》),又称为《修复宪章》(Carta del Restauro),主要提出了保护性修复的方法,并强调了对历史纪念物周边地区的保护,内容涉及:放弃风格修复,保护历史纪念物和艺术品所包含的真实信息,为谦恭的修复行为提供指导[②]。

《雅典宪章》标志着文化遗产保护概念一个新阶段的开始,是后来国际古迹遗址理事会通过的《威尼斯宪章》的原型和基础,宪章中所确立的主要保护修复理念和原则得到了继承和发扬[③]。《雅典宪章》是在国际政府间被接受的第一份有关文化遗产保护的官方文件,从某种意义上讲,这是国际共识形成的开始。

(2) 1964 年《威尼斯宪章》

1964 年 5 月 25 日至 31 日,第二届历史纪念物建筑师及技师国际会议在意大利威尼斯举行,会议讨论通过了《国际古迹保护与修复宪章》(The International Charter for the Conservation and Restoration of Monuments and Sites,简称《威尼斯宪章》)。宪章对 1931 年的《雅典宪章》进行了重新审阅

---

① 张松.历史城市保护学导论——文化遗产和历史环境保护的一种整体性方法.上海:同济大学出版社,2008:230

② 张维亚,喻学才,张薇.欧洲文化遗产保护与利用研究综述.旅游学研究,2007(增刊):268

③ 历史上存在两部《雅典宪章》,另一部是 1933 年国际现代建筑协会(CIAM)第四次会议上通过的《雅典宪章》《都市计划大纲》。该宪章主要确立了现代城市规划的基本原则,提出了"居住、工作、游憩、交通"等功能分区的理性主义规划思想。其中第七章"有历史价值的建筑和地区"从城市整体看待文化遗产,从城市功能与发展角度提出对待城市中的文化遗产,指出:"好的建筑,不管是建筑单体还是建筑群,都应该得到保护免受损毁,但对它们的保护并不意味着人们应该居住在不利于健康的条件中,建筑保护的基础在于它应作为较早时期文化的表达和符合公共利益的保留(retention)。"这种视野难能可贵,但是该宪章针对"历史遗产"的建议,在理论研究和实际工作中并未引起同等程度的关注。

和修订,其重点依然放在纪念物的保护方面。面对社会发展的复杂化和多样化,宪章提出:"历史纪念物(historic monument)的概念不仅包括单体建筑物,还包括能从中找出一种独特的文明、一种有意义的发展或一个历史事件见证的城市或乡村环境。凡传统环境存在的地方必须予以保存,决不允许任何改变主体和颜色关系的新建、拆除或改动。修复过程是高度专业性工作,其目的在于保存和展示古迹的美学和历史价值,应以尊重原始材料和确凿文献为依据。各个时代为一古迹之建筑物所做的正当贡献必须予以尊重,修复的目的不是追求风格的统一。预先就要禁止任何重建工作。"

《威尼斯宪章》最大的成就在于:首先,它建立了文化遗产保护的科学理论基础,即保护依附于纪念物物质实体的历史信息;其次,它拓展了"纪念物"的概念,强调对纪念物所在环境的保护,这种对相关的具有历史、文化特征的环境的保护原则,后来衍生出了对历史园林、历史地段和历史城镇的保护[①]。宪章中提到的重要概念,促成了1960年代末、1970年代初世界范围内城市历史建筑和遗产保护的国际潮流的出现。

1.2.3 "文化遗产"与"自然遗产"概念的提出

1972年联合国教科文组织第十七届大会通过的《保护世界文化和自然遗产公约》(Convention Concerning the Protection of the World Cultural and Natural Heritage)对文化遗产和自然遗产从更广泛意义的层面做出了明确的定义。公约主要规定了文化遗产和自然遗产的定义、文化遗产和自然遗产的国家保护和国际保护措施等条款,为遗产保护提供了制度化的保障。保护世界文化遗产和自然遗产,从此受到世界各国政府和公众的普遍关注和逐步重视。

(1) 公约将文化遗产定义为三类

① 文物:从历史、艺术或科学角度看,具有突出的普遍价值的建筑物、雕刻和碑画,具有考古性质的元素或结构、铭文、窑洞及其联合体;

② 建筑群:从历史、艺术或科学角度看,在建筑式样、分布均匀或与环境景色结合方面,具有突出的普遍价值的单独或连续的建筑群;

③ 遗址:从历史、审美、人种学或人类学角度看,具有突出普遍价值的人

---

① 吕舟.《威尼斯宪章》的精神与《中国文物古迹保护准则》. 建筑史论文集,2002,15(1):193

类工程或自然与人工联合工程以及考古地址。

（2）公约将自然遗产定义为三类

① 从审美或科学角度看，具有突出普遍价值的由物质和生物结构或这类结构群组成的自然面貌；

② 从科学或保护角度看，具有突出普遍价值的地质和自然地理结构以及明确划分为受威胁的动物和植物栖息地和生存区域；

③ 从科学、保护或自然审美角度看，具有突出普遍价值的天然名胜或明确划分的自然区域。

在该公约中，"文化遗产"与"自然遗产"的概念首次提出并沿用至今。目前，根据世界范围的研究成果，狭义的世界遗产包括"世界文化遗产""世界自然遗产""世界文化与自然遗产"和"文化景观"四类，广义概念还涵盖了"非物质文化遗产"。

1.2.4 保护概念内涵的扩大

（1）历史园林

自《威尼斯宪章》开始，文物古迹的概念被扩展了，历史城市、历史园林和历史地区等亦被纳入古迹之范畴。1981年5月国际古迹遗址理事会与国际风景园林师联合会（IFLA）共同设立的国际历史园林委员会在佛罗伦萨召开会议，起草了一份历史园林与景观的保护宪章，即《佛罗伦萨宪章》，于1982年由国际古迹遗址理事会登记采纳，作为《威尼斯宪章》的附件，涉及相关的具体领域。宪章指出："历史园林指从历史或艺术角度而言民众所感兴趣的建筑和园艺构造，因此，它应被看作古迹。作为古迹，历史园林必须根据《威尼斯宪章》的精神予以保存。既然它是一种活的古迹，其保存必须依照特定的规则进行。"

（2）乡土建筑遗产

1999年国际古迹遗址理事会第十二届大会通过的《关于乡土建筑遗产的宪章》（Charter on the Built Vernacular Heritage）进一步充实了《威尼斯宪章》，将保护概念扩大到"乡土建筑"。

面对文化和全球社会经济转型的同一化的威胁，宪章指出，乡土建筑是"一个社会文化的基本表现，是社会与其所处地区关系的基本表现，同时也是世界文化多样性的表现。如果不重视保存这些组成人类自身生活核心的传统性和谐,将无法体现人类遗产的价值"。

宪章将乡土性定义为:"某一社区共有的一种建造方式;一种可识别的、与环境适应的地方或区域特征;风格、形式和外观一致,或者使用传统上建立的建筑形制;非正式流传下来的用于设计和施工的传统专业技术;一种对功能、社会和环境约束的有效回应;一种对传统的建造体系和工艺的有效应用。"

(3) 产业遗产

1950 年代,随着大规模的设备更新和机器换代,工业革命时期遗留下来的很多可以作为那个时期见证的工业设施和建筑被拆除。这引起了各国对于保护工业革命时代的机械和纪念物的普遍关注[①]。2003 年在俄罗斯召开的国际产业遗产保护联合会大会上通过的《关于产业遗产的下塔吉尔宪章》(The Nizhny Tagil Charter for the Industrial Heritage)成为有关产业遗产保护最为重要的国际宪章。由此,产业遗产被视作普遍意义上文化遗产的整体组成部分。

宪章的导言部分即提出:"人类的早期历史是根据生产方式根本变革方面的考古学证据来界定的","工业革命是一个历史现象的开端,它影响了有史以来最广泛的人口,以及地球上所有其他的生命形式,并一直延续至今",因此"一些具有深远意义的变革的物质见证,是全人类的财富,研究和保护它们的重要性必须得到认识"。宪章将产业遗产定义为"工业文明的遗存",包括"建筑,机械,车间,工厂,选矿和冶炼的矿场和矿区,货栈仓库,能源生产、输送和利用的场所,运输及基础设施,以及与工业相关的社会活动场所,如住宅、宗教和教育设施等",还强调指出"它们具有历史的、科技的、社会的、建筑的或科学的价值"。

1.2.5 保护概念外延的扩大

(1) 历史地区

1976 年联合国教科文组织的第十九届大会上通过的《内罗毕建议》(The Recommendation Concerning the Safeguarding and Contemporary

① 张松. 历史城市保护学导论——文化遗产和历史环境保护的一种整体性方法. 上海:同济大学出版社,2008:204-211

Role of Historic Areas)提出了保护和复原历史地区及其周围环境的倡议。

建议书将"历史和建筑(包括乡土的)地区",定义为"包含考古和古生物遗址的任何建筑群、结构和空旷地,它们构成城乡环境中的人类居住地,从考古、建筑、历史、艺术和社会文化的角度看,其凝聚力和价值已得到认可"。在这些性质各异的地区中,可特别划分为以下各类:"史前遗址、历史城镇、老城区、村庄、聚落以及相似的古迹群"。将"环境"定义为"对这些地区的动态、静态的景观发生影响的自然或人工背景,或者是在空间上有直接联系或通过社会、经济和文化的纽带相联系的自然或人工背景"。

建议书指出:"保护历史城镇与城区"意味着这种城镇和城区的保护、保存和修复及其发展并和谐地适应现代生活所需的各种条件。建议书指出,作为"不可替代的全人类遗产的组成部分","历史地区及其周围环境应得到积极的保护,使之免于各种损坏。每一历史地区及其周围环境应从整体上被视为一个相互联系的统一体,其协调及特性取决于它的各组成部分的联合,这些组成部分包括人类活动、建筑物、空间结构及周围环境"。同时考虑到现代城市化带来的建筑尺度和密度大幅增加的现状,历史地区还有可能遭受间接的破坏,"新开发的地区会破坏临近历史地区的环境和特征"。针对此问题,建议书提出"建筑师和城市规划师应谨慎从事,以确保古迹和历史地区的景色不致遭到破坏,并确保历史地区与当代生活和谐一致"。

(2)历史城镇与街区

城市社区是历史上社会多样性的表现。1987年国际古迹遗址理事会第八届全体大会上通过的《华盛顿宪章》(Washington Charter)进一步扩大了历史古迹保护的概念和内容,即提出了现在学术界通常使用的"历史地段"和"历史城区"的概念。宪章涉及的历史城区,"不论大小,其中包括城市、城镇以及历史中心或居住区,也包括其自然的和人造的环境"。宪章认为环境是体现真实性的一部分,并需要通过建立缓冲地带加以保护。历史地段保护更关心的是外部的环境,强调保护和延续这里人们的生活①。

宪章对需要保存的特征做了详细的规定,例如街道划分、建筑物与绿地和空地的关系、建筑物外观、城镇和城区与周围环境的关系以及城镇和城区

---

① 肖建莉.从《威尼斯宪章》到《西安宣言》.文汇报,2006-02-26

的作用等都应当被保护,强调了居民的参与对保护计划的成功起重大作用,还提出应当采取谨慎、系统、不僵化的方法来对待历史城镇和城区的保护问题。

(3) 历史性城市景观

针对当代建筑对世界遗产本身及其周边环境的影响问题,2005 年世界遗产与当代建筑国际会议通过的《保护历史性城市景观维也纳备忘录》(Vienna Memorandum on "World Heritage and Contemporary Architecture — Managing the Historic Urban Landscape",简称《维也纳备忘录》)在有关古迹遗址可持续保护讨论的整体框架内,基于现存历史形态、建筑存量(stock)及文脉,综合讨论了当代建筑、城市可持续发展和景观完整性之间的关系。

《维也纳备忘录》关注当代发展对具有遗产意义的城市整体景观的影响,其中的历史性城市景观的含义超出了各部宪章和保护法律中惯常使用的"历史中心""整体"或"环境"等传统术语的范围,涵盖的区域背景和景观背景更为广泛。备忘录指出:"历史性城市景观指自然和生态环境内任何建筑群、结构和开放空间的整体组合,它植根于当代和历史上在这个地点上出现的各种社会表现形式和发展过程。历史性城市景观的保护和保存既包括保护区内的单独古迹,也包括建筑群及其与历史地貌和地形之间在实体、功能、视觉、材料和联想等方面的重要关联和整体效果。"

基于此备忘录宣布的《保护历史性城市景观宣言》(Declaration on the Conservation of Historic Urban Landscapes),秉承了备忘录中所述原则与指导方针,针对历史性城市景观中当代建筑的关键难题,指出:"一方面要顺应发展潮流,促进社会经济改革和增长,另一方面又要尊重前人留下的城市景观及其大地景观布局。充满活力的历史城市,尤其是世界遗产城市,需要一种以保护为主要出发点的城市规划和管理政策。在这个过程中,决不能危及由多种因素决定的历史城市的真实性和完整性。"

(4) 周边环境

2005 年 10 月在中国的古都西安召开的第十五届国际古迹遗址委员会大会通过了《关于历史建筑、古迹和历史地区周边环境保护的西安宣言》(Xi'an Declaration on the Conservation of the Setting of Heritage Structures, Sites and Areas,简称《西安宣传》),提出了文化遗产保护的新理念,将文化遗产的保护范围扩大到遗产周边环境（setting）以及环境所包含的一切历史的、社会的、精神的、习俗的、经济的和文化的活动。宣言不仅考虑了自然、社会等背景，还认识到环境的动态性对遗产价值的影响，将环境对于遗产和古迹的重要性提升到一个新的高度。

《西安宣言》将历史建筑、古遗址和历史地区的环境界定为直接的和扩展的环境，它是作为或构成遗产重要性和独特性的组成部分。宣言中指出："除实体和视觉方面的含义外，环境还包括与自然环境之间的相互作用，过去的或现在的社会和精神活动、习俗、传统认知和创造并形成了环境空间中的其他形式的无形文化遗产，它们创造并形成了环境空间以及当前动态的文化、社会、经济背景。"

1.2.6　保护概念的延伸——无形文化遗产

联合国教科文组织自 1979 年开始实施了《世界遗产名录》项目，极大地促进了世界各国对有形物质遗产的保护工作，而"无形文化遗产"长期处于国际组织制定准则的活动之外。

1982 年在墨西哥举行的世界文化政策会议上重新界定了文化的概念，在其中加入了无形文化的因素。同年，联合国教科文组织组织民俗文化保护方面的专家，成立了一个关于非物质遗产的专门委员会（Section for the Non-Physical① Heritage）。经过几年的努力后，联合国教科文组织于 1989 年在全体大会通过了《关于保护传统和民间文化的建议书》（Recommendation on the Safeguarding of Traditional Culture and Folklore），这是有关无形文化遗产保护的第一份国际准则，也是无形文化遗产保护史上的一个重大转折。但是，建议书不具约束力且缺少激励成员国实施建议书的条款，所以在实践过程中发挥的作用很有限。

2003 年联合国教科文组织第三十二届会议通过了真正具有约束力的多边文件《保护无形文化遗产公约》（Convention for the Safeguarding of the Intangible Cultural Heritage）。无形文化遗产与有形文化遗产和自然遗产

---

①　联合国教科文组织曾使用 non-physical cultural heritage（译作：非物质文化遗产）来表述此概念，后来逐渐认识到此类遗产也以物质的有形形式得以呈现，所以后来采用日本用来指称"无形文化财"（intangible cultural heritage）的"无形"（intangible）一词取代"非物质"一词。

之间存在内在的相互依存关系。对无形文化遗产的保护有利于丰富文化多样性和人类的创造性。此公约实际上是国际现有的关于文化遗产和自然遗产的协定、建议书和决议的有效的充实和补充。公约对"无形文化遗产"做出定义如下:"指被各群体、团体、有时为个人视为其文化遗产的各种实践、表演、表现形式、知识和技能及其有关的工具、实物、工艺品和文化场所。包括:口头传说和表达,包含作为无形文化遗产媒介的语言;表演艺术;社会风俗、礼仪、节庆;有关自然界和宇宙的知识和实践;传统的手工艺技能等。"

1.3 保护原则

1.3.1 保护的原真性

原真性(authenticity),又译作真实性。对于一件艺术品、历史建筑或文物古迹,原真性可以被理解为那些用来判定文化遗产意义的信息是否真实。文化遗产保护的原真性代表遗产创作过程与其物体实现过程的内在统一关系,其真实无误的程度以及历经沧桑受到侵蚀的状态①。人们理解遗产价值的能力部分依赖于与这些价值有关的信息源的可信性和真实性。

1943年由勒·柯布西耶(Le Corbusier)修订的《雅典宪章》第70条明确指出:"借着美学的名义在历史地区建造旧形制的新建筑,这种做法有百害而无一利,应及时制止。"他认为:"每一个时代都有其独特的思维方式、概念和审美观,因此产生了该时代相应的技术,以支持这些特有的想象力。倘若盲目机械地模仿旧形制,必将导致我们误入歧途,发生根本方向上的错误。"②这体现的正是保护的原真性精神。

1964年《威尼斯宪章》是第一个涉及历史纪念物保护的原真性和完整性的国际宪章。宪章开篇明确表明:"世世代代人们的历史古迹,饱含着过去岁月的信息留存至今,成为人们古老的活的见证。人们越来越意识到人类价值的统一性,并把古代遗迹看作共同的遗产,认识到为后代保护这些古迹的共同责任。传递它们真实性的全部信息(the full richness of their authen-

13

---

① 张松.历史城市保护学导论——文化遗产和历史环境保护的一种整体性方法.上海:同济大学出版社,2008:175

② 唐纳德·沃特森,等.城市设计手册.刘海龙,等译.北京:中国建筑工业出版社,2007:121

ticity)是我们的职责。"针对第二次世界大战后欧洲在保护中过分强调风格修复所带来的问题,宪章强调指出:"修复过程是一个高度专业性的工作,其目的在于保存和展示古迹的美学与历史价值,并以尊重原始材料和确凿文献为依据。一旦出现臆测,必须立即停止。此外,任何不可避免的添加都必须与该建筑的构成有所区别,并且必须要看得出是当代的东西。无论在任何情况下,修复之前及之后必须对古迹进行考古及历史研究。"

1972年联合国教科文组织通过的《保护世界文化和自然遗产公约》,已经注意到原真性是文化遗产保护的原则问题,因而原真性成为定义、评估、监控世界文化遗产的基本因素,这已成为广泛的共识。

1981年《佛罗伦萨宪章》对古园林和历史景观保护的真实性也做了明确规定:"历史园林的真实性不仅依赖于其各部分的设计和尺度,同样依赖于其装饰特征和它每一部分所采用的植物和无机材料。在一座园林彻底消失,或只有其某些历史时期推测证据的情况下,其重建物不能被认为是历史园林。"

1994年《奈良真实性宣言》(The Nara Document on Authenticity,简称《奈良宣言》),强调的正是《威尼斯宪章》的"原真性"和与之密切相关的"多样性"。宣言指出原真性是文化遗址价值的基本特征,对原真性的了解是进行文化遗址科学研究的基础。由于各国文化的巨大差异导致的对于文化遗产保护的原真性的理解的差异,原真性不应理解为文化遗产的价值本身。针对此,宣言指出:"要基于遗产的价值保护各种形式和各历史时期的文化遗产。人们理解这些价值的能力部分地依赖与这些价值有关的信息源的可信性与真实性。"原真性的原则性就在于此。所有文化和社会扎根于由各种各样的历史遗产所构成的有形或无形的固有表现形式和手法之中,对此应给予充分尊重。将文化遗产价值与原真性的评价基础,置于固定的评价标准之中,也是不可能的。《奈良宣言》解决了由于东、西方传统建筑材料和结构形式的不同导致的保护观念的矛盾,直接推动了文化遗产的观念在国际范围内达成共识①。

① 张松.历史城市保护学导论——文化遗产和历史环境保护的一种整体性方法.上海:同济大学出版社,2008:249-250

1.3.2 保护的完整性

完整性(integrity)一词来源于拉丁词根,原词根有两层意思,其一为安全的,二为完整的、完全的。现代语言一般将其理解为完整的性质和未受损害的状态①。

1931 年有关历史纪念物修复的《雅典宪章》中指出:"应注意对历史纪念物周边地区的保护","新建筑的选址应尊重城市特征和周边景观,特别是当其邻近文物古迹时,应给予周边环境特别考虑","一些特殊的建筑群和景色如画的眺望景观也需要加以保护"。在此虽未提出"完整性"这一概念,但从上面的引述中已经可以看出这一概念的萌芽。

1964 年《威尼斯宪章》中,"完整性"第一次出现于国际文化遗产保护宪章。宪章强调指出:"古迹的保护意味着对一定范围环境的保护。凡现存的传统环境必须予以保持,决不允许任何导致群体和色彩关系改变的新建、拆除或改动行为。古迹遗址必须成为专门照管对象,以保护其完整性,并确保以恰当的方式进行清理和展示开放。"鉴于当时的认知水平,宪章只提出要将纪念物和一定范围的环境作为特殊照管的对象,而没有对"完整性"做出更详细的解释。从《威尼斯宪章》的内容可以看出,此处的"完整性"只是希望通过周边环境的缓冲来确保纪念物的价值。宪章中的"古迹"指价值相对较高的纪念物,大面积的历史环境在这时候并没有引起重视,所以也就没有认识到历史环境作为整体存在的重要意义②。

1976 年《内罗毕建议》对历史地区及其环境(setting)的保护做了全面的论述,"环境"是指对历史地区动态或静态的经过发生影响的自然的或人工的背景,或者是在空间上有直接联系或通过社会、经济和文化的纽带相联系的自然的或人工的背景。建议第 34 条指出:"在农村地区,所有引起干扰的工程和经济、社会结构的所有变化应严加控制,以使具有历史意义的农村社区保持其在自然环境中的完整性。"在这里,遗产的完整性已不仅包括物质环境的安全,还涉及经济、社会等方面的影响。

1981 年《佛罗伦萨宪章》作为《威尼斯宪章》的附件,增加了对历史园林

---

①② 镇雪锋.文化遗产的完整性与整体性保护方法——遗产保护国际宪章的经验和启示.上海:同济大学,2007:42

维护、保护和修复的完整性论述。宪章指出："在对历史园林或其中任何一部分的维护、保护、修复和重建工作中，必须同时处理其所有的构成特征。把各种处理孤立开来将会损坏其完整性。"

2005 年《西安宣言》将文化遗产的保护范围扩大到遗产背景环境以及环境所包含的一切历史的、社会的、精神的、习俗的、经济的和文化的活动。宣言将历史建筑、古遗址和历史地区的环境界定为直接的和扩展的环境，它是作为或构成遗产重要性和独特性的组成部分。宣言指出，文化遗产的价值不仅仅在于其"社会、精神、历史、艺术、审美、自然、科学或其他文化价值"，"也来自它们与物质的、视觉的、精神的以及其他文化背景和环境之间的重要联系"。这种认识将遗产看作动态的、复合的整体而非静态的、独立的对象，完善了文化遗产在社会、功能、结构和视觉方面的完整性。

从《威尼斯宪章》到《西安宣言》，完整性的内涵发生了很大扩展。最初，文化遗产的完整性只是为了确保纪念物的安全而保护其周边环境；之后，完整性原则开始考虑经济、社会等各方面因素对遗产的影响；现在，完整性原则包含了有形与无形、历史与现在、人工与自然等多方面动态的因素[①]。

1.3.3　保护文化的多样性

文化多样性被定义为各群体和社会借以表现其文化的多种不同形式，这些表现形式在它们内部及其间传承。文化多样性不仅体现在人类文化遗产通过丰富多彩的文化表现形式来表达、弘扬和传承，也体现在借助各种方式和技术进行的艺术创造、生产、传播、销售和消费。文化多样性是人类社会的基本特征，也是人类文明进步的重要动力。

1992 年在里约热内卢召开的联合国环境与发展大会通过的《21 世纪议程》中，首次提出"文化多样性"(cultural diversity)的概念，扩展了原有"生物多样性"的范畴[②]。

1994 年《奈良宣言》中肯定并强调了文化的多样性和文化遗产的多样

---

①　镇雪锋.文化遗产的完整性与整体性保护方法——遗产保护国际宪章的经验和启示.上海：同济大学,2007:43

②　张松.历史城市保护学导论——文化遗产和历史环境保护的一种整体性方法.上海：同济大学出版社,2008:23

性。作为人类发展的一个本质方面,保护和增进我们这个世界文化与遗产的多样性应大力提倡,而且必须从原真性的原则出发,寻找各种文化对自己文化遗产保护的有效方法。宣言指出:"文化和遗址的多样性是我们这个世界不可取代的精神资源和全人类的智慧财富;文化和遗址的多样性是跨时空存在的,需要得到各种文化和信仰的尊重。"

2001 年《世界文化多样性宣言》(Universal Declaration on Cultural Diversity)从更广的角度阐明了保护文化多样性的重要性,主要涉及人权、创作和国际团结等。宣言提出文化多样性是人类共同的遗产,"文化在不同的时代和不同的地方具有各种不同的表现形式。这种多样性的具体表现是构成人类的各群体和各社会的特性所具有的独特性和多样化。文化多样性是交流、革新和创作的源泉,对人类来讲就像生物多样性对维持生物平衡那样必不可少"。此外,宣言中还提到了文化多样性是"发展的源泉之一","捍卫文化多样性是伦理方面的迫切需要"。

1.4 保护方法

1.4.1 保护性修复

早在 1931 年关于历史性纪念物修复的《雅典宪章》中就提出了保护性修复的方法,其主要精神包括:"通过创立一个定期的、持久的维护体系有计划地保护古建筑,摒弃整体重建的做法,以避免可能出现的破坏";提出"尊重过去的历史和艺术作品",在"不排斥任何一个特定时期风格"的前提下,进行历史纪念物的保护修缮,事实上否定了风格性修复的做法;赞成谨慎地运用所有已掌握的现代技术资源,强调这样的加固工作应尽可能地隐藏起来,以保证修复后的纪念物原有外观和特征得以保留;"所使用的新材料必须是可识别的"。

《威尼斯宪章》在《雅典宪章》的基础上分别强调了保护与修复的做法。针对保护,其主要精神包括:在不改变建筑布局或装饰的限度内可以考虑古迹用作社会公用;"古迹的保护意味着对一定范围环境的保护,不允许任何导致群体和颜色关系改变的新建、拆除或改动;古迹不能与其所见证的历史和其产生的环境分离"。针对修复,其主要精神包括:"修复过程是一个高度专业性的工作，其目的在于保存和展示古迹的美学与历史价值，并以尊重原始材料和确凿文献为依据；修复的目的不是追求风格的统一，各个时代为一个古迹建筑物所做的正当贡献必须予以尊重；当传统技术被证明为不适用时可以采用现代建筑及保护技术来加固古迹；任何不可避免的添加都必须与该建筑的构成有所区别，并能被识别是当代的东西。"

1.4.2　整体性保护

1970 年代，石油危机以及因此引发的经济问题致使城市的新开发建设项目出现滑坡，这促使人们开始思考利用现有的设施和资源。意大利重要历史城镇博洛尼亚在世界上第一次提出了"把人和房子一起保护"的口号，不仅保存历史遗存物，还要留住生活在其中的人们[①]。博洛尼亚在保护遗产物质实体的同时，还注重遗产与人们生活之间的联系，这可以看作"整体性保护"的雏形。

1975 欧洲建筑遗产年通过了《关于建筑遗产的欧洲宪章》(European Charter of the Architectural Heritage)和《阿姆斯特丹宣言》(The Declaration of Amsterdam)，将"整体性保护"确立下来。这两份文件全面论述了文化遗产保护的社会意义和积极作用，并详细阐述了整体性保护的意义和实施要求。《关于建筑遗产的欧洲宪章》指出："在历史进程中，城镇中心和一些村落都在逐渐衰退，变成了质量低劣的住宅区。处理这种衰退问题必须基于社会公正，而不是让那些较贫穷的居民搬离。所有的城市和区域规划必须把保护作为首要考虑的因素之一。"《阿姆斯特丹宣言》中指出："今天需要保护历史城镇、城市老的街区、具有传统特性的城镇和村庄以及历史性公园和园林，这些古建筑群的保护必须全面广泛地构思，包括所有具有文化价值的建筑，从最宏大的到最微小的，同时不要忘记我们自己时代的建筑和它们的环境。这个总体保护是对单独保护个体纪念性建筑和场地的一个必要补充。"

在欧洲建筑遗产年的成果基础上，1987 年《华盛顿宪章》提出："对历史城镇和其他历史城区的保护应成为经济与社会发展政策的完整组成部分，

---

① 张松. 历史城市保护学导论——文化遗产和历史环境保护的一种整体性方法. 上海：同济大学出版社，2008：150

并应当列入各级城市和地区规划。"

进入 21 世纪后,整体性保护方法又有了新的发展。在 2005 年的《历史性城市景观宣言》(Declaration on the Conservation of Historic Urban Landscapes)和《西安宣言》中,动态的环境引起了充分的关注,提出了相应的方法,包括监控和管理影响环境的渐变和骤变,并通过规划引导当代建设和功能变化。

整体性方法通过采取经济、政治、社会、文化等方面的措施,能够有效保护文化遗产的物质实体,维护遗产地现存的风貌和状态,保护动态环境中的物质和非物质遗产,最终全面、深刻、持续地保护文化遗产地区在物质结构、视觉景观和社会功能三方面的完整性。

1.4.3 保护性开发

任何遗产都处于时刻变化与发展的当代社会之中,真正的保护不是要重现已逝去的旧时风貌,而是要保留现存的美好环境,并指出未来可能的发展方向[①]。保护历史文化遗产,需要处理好历史与当代的关系。

针对解决保护与发展的矛盾和冲突问题,1933 年的《雅典宪章》(《都市计划大纲》)就提出了保护历史建筑优先于城市开发的思想,并否定了利用假古董来引导人们过去生活习惯的做法。宪章指出:"如果保护建筑的位置妨碍了开发,也可采取一些彻底的措施,例如改变环状交通干道,甚至搬迁城市中心区等一些通常被认为是不可能的方法,清理历史纪念物周边的贫民窟,为创造新的开放空间提供机会。以艺术审美的借口,在历史地区内采用过去的建筑风格建造新建筑会产生灾难性的后果,无论以何种形式延续或引导的习惯都是无法容忍的。"

1976 年《内罗毕建议》提出将历史地区和谐地融入当代生活,建议指出,各个国家和公民都应该把保护该遗产并使之与我们时代的社会融为一体当作自己的义务,"新开发的地区会破坏临近历史地区的环境和特征,建筑师和城市规划者应谨慎从事,以确保古迹和历史地区的景色不致遭到破坏,并确保历史地区能够作为一个整体和谐地融入当代生活中"。

---

① 张松. 历史城市保护学导论——文化遗产和历史环境保护的一种整体性方法. 上海:同济大学出版社,2008:14

1987 年的《华盛顿宪章》进一步发展了《内罗毕建议》的理念,更加明确地提出历史城区融入现代生活的具体方法,宪章指出,应该通过基础设施改善、住房改进等手段使历史城镇和城区能够和谐地适应现代生活所需。

1999 年国际古迹遗址理事会第十二届大会采纳的《国际文化旅游宪章》(International Cultural Tourism Charter)除了确认保护有形和无形的文化遗产巨大的广度、多样性和重要性之外,还出于对历史文化遗迹共同的尊重和对此项资源脆弱性的担忧,提出采用一种合作的方式来协调保护组织和旅游业的关系。旅游可以为文化遗产创造经济利益,并通过创造资金、教育社区和影响政策来实现以保护为目的的管理。宪章指出:"旅游应该为东道主社区带来利益,并通过计划可以使文化遗产的真实性和有形表现免受不利的影响。管理不善或过度的旅游安排可以给东道主社区和当地文化特征造成负面的影响。宪章并不仅仅局限于按照传统概念下的古迹或世界遗产保护场所来安排旅游,它已经被扩展到包括和旅游相关的所有形式的文化遗产场所、收藏和东道主社区生活的方方面面。"

2005 年《维也纳备忘录》充分肯定了历史环境中当代建筑的价值,并综合考虑城市遗产保护和城市现代化与社会发展,将当代发展与遗产保护方针放在同一高度进行考虑。备忘录界定了"当代建筑"的范围,包括"出现在建筑历史环境中的所有重大的、有计划、有目的的干预,其中包括开放空间、新建筑、历史建筑及遗址的扩建或延展以及改建"。其中多次提到"干预",包括物质结构的干预和功能的干预①。就历史城市中"当代建筑"的原则,备忘录提出,当代建筑应"在不损害历史城市现有价值的情况下,改善生活、工作和娱乐条件,调整用途,以便提高生活质量和生产率"。此原则体现出以发展的态度对待历史城市的精神。

本章小结

纵观城市文化遗产国际宪章产生的背景和发展历程,可以发现,随着保护对象和保护范围的不断扩展,文化遗产保护理念和保护方法也在不断地创新和进步。历史文化遗产保护的概念从文物本身扩大到连同它周围的环

---

① 参见《维也纳备忘录》中第 13、17、19、20、21、29 条内容。

境,再扩大到成片的有历史意义的街区和地段,保护工作经历了从保护文物建筑扩大到保护历史地段的过程,从保护有艺术价值的建筑物扩大到保护城市建设史上有典型意义的一般建筑物的过程。与此同时,保护的方法也从最初针对文物建筑的保护性修复发展到后来针对历史地段的整体性保护,再到当代可持续发展社会大环境下合理解决保护与发展的矛盾。

第 2 章　意大利遗产保护制度

据联合国教科文组织统计,意大利保存着世界上 60%～70%的文物古迹,素有"大露天博物馆"之称。鉴于拥有丰富的、多层次的历史文化和艺术遗产,意大利是世界上最早开展文物保护立法的国家之一。意大利政府对文化遗产保护非常重视,专门设有"文化遗产部",形成了独特的意大利文化遗产保护模式,即公共部门负责保护,私人或企业进行管理和经营,以实现文物保护与经济发展的良性互动。本章从意大利遗产保护的理论和流派出发,从法律框架、职能机构和公共财政制度几个方面对意大利遗产保护制度做全面的分析和论述。

2.1　意大利遗产保护的理论和流派[①]

意大利文化遗产保护的理论和流派在 19 世纪后半叶逐步形成和发展。这一时期,欧洲的保护和修复主要分为两大派别:一派是以法国人维奥莱·勒·杜为代表的"风格性修复"派,追求古建筑的完美形式和时代风格,坚持艺术价值表现的形式主义;另一派是以英国人约翰·拉斯金和威廉·莫里斯为代表的历史浪漫主义,注重古建筑的历史价值的表现,强调它们的真实性和存在性,甚至极端地反对"增添、改动和修复"古建筑。意大利建筑师除接受这两个学派的影响外,还兼收了查特勃里昂的折中主义思想。

2.1.1　历史性修复

19 世纪末,意大利人卡米罗·波依托(Camillo Boito)提出了"历史性修复"的理论。这个理论的基本思想是,在建筑修复的形式上不仅强调建筑历

---

① 刘临安. 意大利建筑文化遗产保护概观. 规划师,1996(1):102-105
本段内容根据以上资料整理。

史的文献意义,更要反映历史文献的严格性。他实际上批判了维奥莱·勒·杜学派中那种在唯美形式激情支配下而不顾史实严格性的修复,同时也改变了拉金斯学派那种缩手缩脚的极端保守态度。在保护和修复中,波依托提出了"八项原则",大胆地采用新结构和新材料,以求达到历史、结构、形式以及材料诸因素的协调统一。波依托的主要贡献在于保护和修复的理论方面,他的许多观点被写入意大利的文物保护法中,成为意大利近代保护与修复理论的奠基人之一。

2.1.2 科学性修复

进入1920—1930年代以来,随着罗马文物保护区的大规模发掘,在建筑的保护与修复中出现的棘手问题日益增多。面对这个现实,意大利建筑师古斯塔弗·乔瓦诺尼(Gustavo Giovannoni)提出了"科学性修复"的理论。乔瓦诺尼发展了波依托的理论,特别是在保护与修复的指导思想上提出了更广泛的含义,这种含义就是建筑本身和建筑环境之间存在着的历史文脉。在这种观点基础上,他对建筑修复提出了"归位复原"(anastylosis)的概念。他强调保护历史建筑存在的最妙方法应当是维护、修缮和加固,丧失了实物的存在也就丧失了真实、历史和文化,并且系统地提出了保护与修复的历史性、真实性、艺术性、实用性和实施手段之间所应遵循的原则,这些原则先后被贯彻到本国的《文物建筑修复标准》和《雅典宪章》中。

2.1.3 评价性修复

1960年代以来,意大利在保护与修复领域里的学术理论进一步发展深化,新理念、新观念、新方法不断出现,这些都对欧洲和世界产生过重要影响。在意大利的文物建筑保护和修复中影响规模最大和时间最久的是"评价性修复"理论。该理论提出:在实施保护和措施时应该综合评价文物建筑的各种价值以及价值特征,这些价值有历史的、科学的、艺术的、文化的、社会的、经济的,甚至情感的。这个理论学派对文物价值认识已从建筑本体上升到了社会文化的系统。基于这种观念,理论界提出了一个"文物建筑财产"的评价体系。该体系有四个方面的特征,即建筑、结构、地段、环境,这些特征的构成因素之间的关系应该是相互依赖和相得益彰的。

这个理论的倡导者之一就是著名的艺术史学家兼评论家朱利奥·卡

罗·阿尔甘(Giulio Carlo Argan)，此人曾在 1977—1980 年任罗马市市长，对罗马市的古代文化遗产的保护做出过贡献。阿尔甘认为：文物建筑的保护与修复的科学性不仅反映在技艺水平上，更重要的是表现在对历史和技艺的理解力和感知性上。可以进一步理解为：一座文物建筑犹如一个原始文本，判断这个文本的好与坏，要看它能否提供或显现清晰的、历史的、可读懂的章节，倘若那些基于史实和考证所做出的章节仍是杂乱无序甚至难以理解的话，那就不能认为是一个处理得当的文本。他的这个观点后来被引申为"一种历史文脉和延续性"。

继阿尔甘之后又产生了相当一批"评价性修复"理论家，较知名的有切沙雷·勃兰迪(Cesare Brandi)、罗贝尔托·帕耐(Roberto Pane)等。虽然他们都对"评价性修复"进行了不同侧重的理解和发展，但是，这些理论和发展都有一个共识点，那就是保护和修复不只负责建筑本身，而要更多地考虑到建筑所赖以维系的社会背景和文化背景，这样才是对文物建筑实施保护时进行价值评判的总体特性。

1970 年代以来，意大利在保护和修复领域更加注重广泛吸收国外先进思想和观念，如 A. 里格尔对文物价值的"客观性"和"纪念性"的理解，P. 菲利波特的"整体艺术"观点，R. 帕尔松对"文化认同"的阐释……理论上的兼收并蓄和推陈出新，使得保护和修复的方法有了正确的指导思想，进而推动了实施工作的日臻完善。

2.2　意大利遗产保护的法律框架

2.2.1　法律建设历程

（1）统一前缓慢发展时期

意大利境内遗产丰富且分布广泛，为相关法律法规的制定提出了客观要求。关于文化遗产保护的法律法规在意大利统一之前就已经出现。15 世纪，罗马教廷颁布了意大利统一前第一部旨在防止艺术品被破坏与流失的国家法令。17 世纪，教皇颁布法令进一步规范文物、艺术品交易及出境行为，许多与小型文物有关的历史建筑构件得到了及时保护。

意大利统治者中，教皇庇护七世(Pope Pius Ⅶ)率先做出保护文化艺术遗产的努力。他在 1802 年颁布的赦令中规定未经教皇许可禁止挖掘、出口艺术品,下拨经费发展博物馆,倡导改善考古学教学,极大地推动了考古学的发展。1820—1821 年正式确定文化遗址是本地文化历史不可分割的组成部分,提出"考古修复"理论,强调历史遗址修复一定要明显体现修补部位的差异性。之后红衣主教团以政府名义颁布了《历史文物及艺术品保护法》,该法对整个亚平宁半岛各国都产生了深远影响①。

(2) 统一后发展初期

意大利统一后不久,关于公用事业征用的基本法(L. 25-6-1865, No. 2359②)第 83 条就提出,强制国家、大区和城市认可"每一件历史纪念物或国家遗迹本身具有遗产的天然属性,其保护工作始终应由一些道德团体或私人进行",并探讨了实施的可能性③。

为协调全国的保护修复工作,1870 年意大利教育部拟定了有关古建筑保护的条例。1872 年该条例经修改后由政府颁布,成为意大利第一部文物建筑保护法。该法根据保护对象的历史意义、艺术意义以及重要性将文物建筑划分为国家和地方两个保护层次,分别由两级政府出资维修和保护。同时该法律还规定:不得任意破坏文物建筑的完整性和稳固性。从此,意大利的文物建筑保护与修复工作被纳入国家的严格管理之下④。

1872 年参议院提出保护纪念物和艺术作品的理念,并提出制定出口和销售的准则和建立具有行政职能的保护委员会的建议⑤。

1902 年意大利颁布了第一部历史、艺术遗产保护令 L. 12-6-1902, No. 185,这是由议会通过的意大利关于文化事务的第一部法律,代表着第一个关于遗产保护事务的法律工具。这部法律规定了纪念物、可动和不可动遗产的价值申报程序,规定了国家有义务制定保护名录并通知遗产所有者或

---

① 顾军,苑利. 文化遗产报告. 北京:社会科学文献出版社,2005:21-22, 30, 22-26

② 意大利中央政府的法令繁多,多以"第几号"的形式出现,且变更频繁。

③ ANTONUCCI Donato. Codice Commentato dei Beni Culturali e del Paesaggio. 2nd ed. Napoli:Sistemi Editoriali, 2009:14

④ 辛慧琴. 意大利古旧建筑保护及改造再利用浅析. 天津:天津大学,2005:4-5

⑤ FERRARA Miranda. Protezione del patrimonio architettonico excursus storico degli strumenti legislativi[EB/OL]. http://arvha. org/euromed/sp2/italie/ALLEGATI/all_1c_relazione_storica. htm

经营者登记财产,并对物业出售和交换的规则做出了详细规定,此外其他相关条款还规定了必要的用于保护纪念物和购买艺术品的拨款数额,及对于触犯这些条款行为的刑事惩罚措施。然而这个法律本身也存在一定的缺陷,它不适用于纪念性建筑物的内部,这些内容仍属于私有财产的法律范畴。这部法律连同1903年颁布的遗产保护法令成为对意大利文化遗产保护工作具有重要意义的最早的两部法律。

1909年又颁布了一部关于意大利文化遗产保护的综合性法律 L. 20-6-1909,No. 364,为当代意大利文化遗产的法制建设奠定了坚实的基础,经修订一直沿用到1998年①。该法律第一次消除了纪念物和移动、不可移动遗产之间的区别②。

L. 31-5-1912,No. 688,作为 L. 364/1909 的补充和延伸,将别墅、公园、花园等对象都纳入保护的范畴。L. 364/1909,L. 688/1912 和 R. 30-1-1913,No. 363 标志着保护景观环境方面法律的重要发展进程,这三部法律中提出的概念在1930年代一直被广泛应用,直到新法律 L. 1089/1939 的出现③。

L. 11-6-1922,No. 778 针对不可移动遗产建立了独特的保护原则。不可移动遗产,由于它们本身的美学价值以及它们与城市文明和文化历史及自然风光的特殊关系而具有重要的公共价值,因此应当得到积极的保护④。这部法律将保护的概念与城市文明和文化历史的价值联系起来。

基于《雅典宪章》的原则,1932年意大利政府颁布了《文物建筑修复标准》。该规范除对通常的保护和修复提出标准外,还就古建筑中现代材料的应用做出了指导性规定。同年,在意大利的积极参与下,在罗马召开了一次国际会议,提出《文物建筑修复的意大利宪章》,简称《罗马宪章》,该宪章成为指导文物建筑修复的国际技术规范。

---

① 朱晓民. 意大利中央政府层面文化遗产保护的体制分析. 世界建筑,2009,228(6):114-117

②③④ FERRARA Miranda. Protezione del patrimonio architettonico excursus storico degli strumenti legislativi[EB/OL]. http://arvha. org/euromed/sp2/italie/ALLEGATI/all_1c_relazione_storica. htm

（3）法西斯统治时期

墨索里尼时代是意大利保护史上一个双面性极强的阶段，一方面墨索里尼为了凸显古罗马的建筑文物价值，毁掉了大量中世纪和文艺复兴时期的建筑。另一方面，墨索里尼专治时期不断强化中央政府的权力，颁布了《艺术及历史文化遗产保护法》（Decree of No. 1089）和《自然景观保护法》（Decree of No. 1497），强调1939年以后考古挖掘成果均归国家所有，国家有权因考古挖掘需要而征用他人地产，确保国家在文化遗产保护上的垄断地位。这两部法律续沿用了近60年，是意大利统一之后文化遗产保护法中最重要的两部，也为后来《联合法》的颁布奠定了基础①。《艺术及历史文化遗产保护法》的核心精神在于：国家在尊重财产私有的前提下，以法律形式强调了国家对民族文化遗产的绝对特权，包括对重要文化遗产的监督权、对考古遗址发掘的专控权和对流通文物的优先购买权等②。《自然景观保护法》中将保护的范围从古迹扩大到自然环境，涵盖了对园林与公园的保护。这一思想的提出比倡导历史公园与园林保护的国际宪章《佛罗伦萨宪章》早了40多年，显示了意大利遗产保护理论与方法的独创性和先进性。

意大利大部分文化方面的法律法规是在1930年代末—1940年代初期颁布的，其内容不仅涉及遗产和景观的保护，还包括对艺术家的支持和对艺术创造力的鼓励，如"版权法"和关于"2％公共建筑艺术"的法律等。因此，许多主要的文化机构在这个时期纷纷出现，如可动和不可动文化遗产修复研究所（Istituto Centrale per il Restaum，CIR）、国家广播公司（EIAR，后来改名为RAI）、国家电影公司（Cinecittà and Istituto Luce）和表演艺术家社会保障局（ENPALS）等③。

（4）近代发展成熟期

1950年代，意大利已形成较系统的保护古迹、遗址的法律体系。

① 朱晓民.意大利中央政府层面文化遗产保护的体制分析.世界建筑,2009,228(6)：114-117

② 顾军,苑利.文化遗产报告.北京：社会科学文献出版社,2005：21-22,30,22-26

③ FERRARA Miranda. Protezione del patrimonio architettonico excursus storico degli strumenti legislativi［EB/OL］. http://arvha. org/euromed/sp2/italie/ALLEGATI/all _1c _relazione _ storica. htm

1960 年代为阻止大规模开发建设可能带给古城的破坏，意大利成立了历史中心区协会，通过了《古比奥宪章》。宪章的中心内容是呼吁政府制定限制性措施保护历史遗迹，不要再批准那些盖在历史遗迹上的现代工程和建筑方案。宪章要求每个城市都必须制定一个详尽的规划，在建筑施工之前要先进行地下文物探测。宪章还要求国家对文物实施"保护性干预"，制定相关的法律法规保护历史文物景观。宪章率先提出了旧城区的整体保护问题，要求把景观文物同周边区域视为一个整体加以保护。所谓整体保护，就是不仅仅保护建筑物本身，还要保存它的生活方式、文化氛围。因为城市不全是由房子组成的，还有不同的社会阶层，城市是人与建筑的结合。保护景观建筑也要保护居住在里面的人，例如历史悠久的家庭式手工作坊等[①]。

L.24-4-1964，No.310 提出建立保护历史、艺术、考古、景观价值遗产的咨询委员会，第一次将文化遗产的概念定义为"文明价值的物质见证"，同时还规定"所有隶属于国家的文化遗产都与文明史有密切关系"[②]。

1967 年政府出台新的《城市规划法》，规定在城市总体规划中需要指定"历史中心区"，从而确立了从面上进行历史环境整体保护的制度，使得文物保护在广度和深度上发生了变化[③]。文化环境遗产监督局和地方城市规划局分别从文化方面或城市规划方面对建筑业主进行双重指导，实施严格的限制管理措施。几乎所有城市在制定的总体规划和地区规划等法定规划中，都应该根据《城市规划法》指定历史中心区（A 区）实行整体性保护，与一般性地区的规划相比，历史中心区应制订更为详尽的项目计划，对改建项目按类型分类并单独制定限制条件。一些城市还将历史中心区周边建成年代稍晚一些的地区划定为现状尺度控制区（B 区），通过规划控制整体景观风貌。1968 年制定了专门保护城市历史中心的法律，把管理权从中央下放到地方。

为了促使企业和历史遗产继承人参与文物保护事业，意大利议会于1982 年颁布了著名的 512 号法律，取消文物遗产继承税，免除文物材料增值

---

①② 朱虹.守护城市的"灵魂"——有感于意大利以法律为依据保护历史文化景观.世界文化，2010(8)：4-6

③ 张广汉.欧洲历史文化古城保护.国外城市规划，2002(4)：36-38

税,国家为重点修复工程提供一切方便条件。

1985 年时任文化环境遗产部副部长的加拉索提出了"不制定景观规划就不应进行开发"的建议,并以 1984 年颁布的强制性条令为基础,制定了 431 号法律,通称为《加拉索法》(Legge Galasso)的法案。该法将文化景观的保护范围扩展为整个地区,但将景观保护与自然环境保护相区分。这部法律成为各地区景观保护的依据和标准,依照该法制定景观规划成为大区、省和城市的义务。以 1939 年《自然景观保护法》为依据制定的风景保护规划,仅限定在 13 个国家风景区。与这些特定的风景保护规划不同,《加拉索法》强调在各大区的所有地区均须编制景观规划,并将其作为一般性规划技术看待。虽然它与开发规划有一定的抵触,实施难度大,并存在涉及大区与省的权限等实际问题,但翌年该法规(包括补充条款)正式得以通过和实施①。《加拉索法》大大推动了自然景观的保护进程②。

L. 8-10-1997,No. 352 对文化遗产的保护工作作出了具体的规定,特别提出建立文化和景观遗产领域的一个独特环境③。

直到 1998 年随着 D. L. 31-3-1998,No. 112 的颁布,"文化遗产"才真正成为法律领域的术语,第 148 条将文化遗产定义为"构成历史、艺术、纪念物、人类学、考古学、档案和图书馆遗产的对象",这些类别的划分参考了 L. 1089/1939 中提出的类别④。

之后颁布了著名的 D. Lgs. 29-10-1999, No. 490,将"文化遗产"这个术语引入公共词典,并将其概念的解释提升为"具有文明价值的所有物质见证"。D. Lgs. 42/2004 也引用了这个解释,对于今天文化遗产保护工作仍是有效的行动纲领。同年,议会将《艺术品和文化遗产保护法》《加拉索法》及其他法律中包含保护文化遗产及环境遗产的立法条文进行归纳调整,颁布了《联合法》(Testo Unico),该法成为意大利文化遗产保护方面的最高法。

---

① 张松. 历史文化名城保护制度建设再议. 城市规划,2011, 35(1): 46-53

②③ ANTONUCCI Donato. Codice Commentato dei Beni Culturali e del Paesaggio. 2nd ed. Napoli: Sistemi Editoriali, 2009: 15,16

④ FERRARA Miranda. Protezione del patrimonio architettonico excursus storico degli strumenti legislativi[EB/OL]. http://arvha. org/euromed/sp2/italie/ALLEGATI/all _ 1c _ relazione _ storica. htm

L. 137 /2002 同时将遗产保护拓展到《宪法》第 117 条和第 118 条、社会法规和国际协议领域，提高了文化遗产相关干预措施的有效性，简化了其程序并使其适应了新技术，因此被迅速应用到所有的公共管理部门①。

官方公报 17-1-2004，No. 13 援引了已出版的 L. 24-12-2003，No. 378 中关于保护和加强乡土建筑的条款，目的是保护乡土建筑，包括建筑布局、建筑类型等，如建于 13—19 世纪的农舍等，这些都是传统乡村经济的见证②。

《欧洲景观公约》颁布后，《文化和景观遗产法》(Code of the Cultural and Landscape Heritage)于 2004 年颁布，取代《联合法》，成为意大利保护由文化财产和景观资产组成的文化遗产的核心法律，既依法保护和强化具有历史和艺术价值的文化财产，又保护地区的自然环境和文化景观等景观资产。该法是意大利文化遗产工作的主要法律依据，在未来几年内得到了不断的修订和完善，一直沿用至今。

2.2.2　国家层面——《文化和景观遗产法》

《文化和景观遗产法》(D. Lgs. 22-1-2004，No. 42)，又名乌尔巴尼法 (Codice Urbani)③，是一部关于文化和景观遗产保护条例的法律及制定相关条例时须参考的工具，是意大利文化遗产部制定保护、保存和加强意大利文化遗产工作的主要法律依据。

关于保护，在主体方面该法主动进行了调整，将所有公共和私人的非营利管理部门都纳入保护主体中来；在客体方面，该法建议将街道、道路、公共开放的城市空间、矿区、船舶以及各种类型的乡土建筑等都纳入保护的范围内。

相应的，在定义上该法也将"文化遗产"扩大到其他类型的对象，如公共工程、街道、具有艺术和历史价值的城市公共空间、矿区、船舶和乡土建

---

①② ANTONUCCI Donato. Codice Commentato dei Beni Culturali e del Paesaggio. 2nd ed. Napoli: Sistemi Editoriali, 2009: 21, 26

③ Codice Urbani 这个名称来源于这个法令的起草者的名字，Giuliano Urbani(1937 年 7 月 9 日生)，意大利政客，前大臣，Forza Italia 的创建者之一。

筑等①。此外,该法还引入了文化地和文化机构的概念,包括图书馆、档案馆、考古遗址和公园、复合纪念物等,整合并完善了以前相同类型的《联合法》(Testo Unico)②,是对相关法律法规系统化的重建(表 2.1)。

表 2.1　意大利文化遗产部机关组织结构

	文化财产	风景财产
可移动财产	各种展览馆、画廊、博物馆等的收藏; 超过 40 年的档案和文献孤本; 100 年以上的图书馆藏书、手抄本、照片、影像,及特别重要的私人收藏; 超过 75 年的交通工具; 古老的地图以及重要的标牌、标志、装饰物、匾额、影片、碟片、雕刻等等	
不可移动财产	艺术家工作室; 具有历史或艺术价值的城市户外空间,如道路、广场、街道; 具有历史感或反映乡村经济传统的乡村建筑; 具有人类学意义或历史价值的矿区; 至少建成 50 年以上,且建筑师辞世,具有特殊艺术价值的当代建筑精品; 具有历史或艺术价值的别墅、花园和园林等	不可移动文物赖以生存的环境; 自然美景或具有地质学独特性(火山、湿地、冰峰、特定海岸线等)的非移动物; 特别重要的遗址(sites)、考古区; 在文化财产中未列举,非常优美的别墅、花园和园林等; 具有美学和传统价值的不可移动物复合区(相当于保护区);
文化场所	博物馆、图书馆、档案馆、考古公园(地区)、保护区等均为文化场所。凡是国家拥有的文化场所均具有公共服务的属性,其他所有人也有对外开放文化场所的义务	易于公众接近和享受的视觉景观和眺望景观; 大学实验林和公共团体所拥有的农田、村落等

资料来源:顾军.文化遗产报告——世界文化遗产保护运动的理论与实践.北京:社会科学文献出版社,2005:23

　　在保障制度方面,这部法律最关键的创新是通过采用地区会议的方式

31

────────────────

　　① CAMMELLI Marco. Ⅱ Codice dei Beni Culturali e del Paesaggio 2004. Bologna:Società editrice il Mulino,2004:51,35

　　② 《联合法》是国家层面的由共和国总统令(D. P. R.)通过的指导重要事件的法规的集合,直到 1988 年被一系列其他法规整合或取代。

而非存款、贷款协议的方式为保护和修复工作提供职业培训。这种方式以前仅用于档案遗产，而该法颁布后延伸至所有的遗产对象①。

在制度层面上，不可否认的是，该法试图通过以下手段将国家—地方二元体系转化为一个整体的体系，包括：重新定义并升级单项概念（包括文化和景观在内的文化遗产、保护、加强、地点和机构等②）；认同协调立法权限的一般原则；建议制定具有决定性职能的主要法律文件（法规、标准、总体规划等）；建议采用将立法职能分散到各大区的有机管理模式，并附以适当的程序上的保障（如咨询当地公共机构、国家与大区和有资格的团体的建议及法律支持等）；呼吁广泛合作；建议将管理结构、科学组织和财政独立等一般原则延伸到私人团体中。这些原则体现了一个组织在文化遗产领域真正的地位③。

2.2.3 地方层面——以都灵为例

（1）都灵市《整体控制规划》

1）《整体控制规划》

在意大利，《整体控制规划》可以看作"城市规划的基石"④，每个城市的发展都受其《整体控制规划》制约，在城市与城市交界的地区有时还受《区域整体控制规划》（Piano Regolatore Generale Comunale，简称 PRGC）的制约。1942 年，《整体控制规划》由 L. 17-8-1942，No. 1150 提议推出⑤，作为城市增长的一种调控手段，控制城市总体建设和发展过程中的增长结构。但在1970 年代左右，《整体控制规划》成为一种控制城市空间规划的管理工具。

《整体控制规划》是规划区域内相当重要的代表总的市政能力的法规，应用于整个城市区域，是强制性法规，适用于大区和公共事务部列举的城市

①②③　CAMMELLI Marco. Ⅱ Codice dei Beni Culturali e del Paesaggio 2004. Bologna：Società editrice il Mulino，2004：52,34,53-54

④　参见 MORBIDELLI G. The word pianificazione territoriale ed urbanistica. Enc. Giur. Treccani，1990，ⅩⅩⅢ：1990；BREGANZE M. The word edilizia e urbanistica. Dig. Disc，Pubbl.，1990，Ⅴ：392；MICHELEA de. Vigore，efficacia ed applicabilità dei piani regolatori comunali nel sistema di pianificazione locale. Riv. Giur. Ed.，2005(3)：3

⑤　《整体控制规划》有三个基本特征：1)建立一套循序渐进的规划机制；2)各规划之间严格的等级划分及密切的联系；3)无时间限制的规划。这实际上提供了一种理想化的模型，提供了一种综合考虑整个城市发展的方法。

及疗养和旅游等住宿场所。

《整体控制规划》主要包括以下几方面内容：

① 主要道路、铁路、水路系统和相关设施；

② 划分城市区域，对城市扩张的区域设定规范，确定每个区域的特征及须遵守的规则；

③ 用于公共使用和特殊服务的空间区域；

④ 用于公共建筑或公共用途以及与公众或社会利益相关工程的预留空间；

⑤ 制定历史、环境、景观区域须遵循的规则；

⑥ 此规划纲要的实施细则。

《整体控制规划》由技术人员编写并由城市权力部门执行[①]，是对城市的总体规划，但不包括例如建筑间距等具体细节问题的规定。它是一部综合性的协调各部门工作[②]的法令，带有立法、行政和混合（既有关于规范的条款，又有关于具体措施的条款）等特征[③]。

《整体控制规划》的条款可以通过各种具体的、详细的规划实施，这些规划通常与实施计划一致，主要包括：详细规划（piano particolareggiato，简称 PP）、公共建筑经济计划（piano per l'edilizia economica popolare，简称 PEEP）、执行规划条例（piano esecutivo convenzionate，简称 PEC）、发展规划（piano di lottizzazione convenzionata，简称 PLC）、工业区规划（piano per insediamenti produttivi，简称 PIP）和复兴计划（piano di recupero，简称 PdR）。其中发展规划和复兴计划可以由公共机构和个人团体拟定，而详细规划、公共建筑经济计划和工业区规划只能由公共机构拟定。

2）都灵《整体控制规划》中关于滨河地区保护的内容

都灵《整体控制规划》是实施城市规划和建筑设计须遵循的准则，从以下六个方面作出了详细规定：①一般规则，②分类规则，③服务性和实用性

33

---

① SALAMONE Luca. Breve introduzione alla disciplina urbanistica[EB/OL]. http://www. diritto. it/curriculum. html

②③ MARTINI Giovanni. Interesse Pubblico e Strumentazione Urbanistica 2007: L'interesse Pubblico nella Interpretazione Dottrinale del Contributo Giurisprudenziale su Natura Giuridica e Regime del piano Regolatore Generale. Torino: G. Giappichelli Editore, 2007: 53-54,20

地区的设计规则和改造范围,④城市环境和景观的设计规则,⑤特殊条款,⑥临时及最终方案的规划设计图纸。

关于都灵城市滨河地区的保护,该文件将都灵城市的滨河地区划分为17个区域,并分别提供1∶5 000的规划图,这些土地由管理部门按现行法律规定的土地征用方式直接获得①。

关于斯图拉河、多拉河和萨高萘河流域的河滨公园,按照该文件的规定,实施项目必须包含对周边更大范围滨水区域的研究②。该文件最重要的目标之一就是保护相关区域并限制人的活动和行为。因此,在这些区域内,为了保护现存的农业生产活动且使其与城市生活取得协调一致,该文件建议可以在这些区域内安排一系列相关活动形成农业公园,通过对开放空间的管理,使其适于公众参与以及娱乐、教学、研究活动,且适于新的建设活动。建设农业公园的项目,延伸到城市公共的和私有的财产或物业区域,公私领域的不同决定了所有新规划项目中土地使用模式的不同③。

而在波河地区,一些建筑内部在规划实施前就已存在经济活动,因此该文件规定在不违反都灵城市和波河公园管理部门规定的前提下,这些建筑内允许存在超出特别保护原则(保留和保护现有建筑,安装临时庇护设施、管网和基础设施等)的活动。为了达到一致使用的目的,该文件根据区域类型具体确定保护规则和相关方法,主要取决于在区域规划中该区域是被定义为城市区域还是自然景观区域,被定义为预备区还是自然保护区④。

其次,按照该文件的规定,城市管理委员会应采取措施促进公共空间的更新,特别在历史地段和历史环境地区等特定区域,旨在通过协调公共干预措施,整合现有公共空间和那些新征得的土地及通过改造衍生而来的空间来改善公共空间的品质,此外还包括建筑与乡村肌理的更新和历史环境质

---

① 参见 Piano Regolatore Generale di Torino: Norme Urbanistico Edilizie di Attuazione: Art. 21 paragraph 1 and paragraph 2

② 同上,Art. 21, paragraph 4

③④ 同上,Art. 21, paragraph 5

量的改善①。就此而言,管理部门应经常在历史地段或历史环境地区等界定领域内建立公共空间更新的工程②。

最后,针对城市树木和绿地的整体保护,该文件指出:"每一个建设项目必须经过研究,尤其是地下建设部分,必须与现有树木和珍贵树种协调布置,不能破坏它们的根系③。每一个建设项目必须包括开放空间的设计及林区、草坪、花园(包括可能建立的培育区)的详细定义和设计,还应包括铺地材料的选择等。④"

城市滨河地区是城市中公共空间和绿地空间聚集的地区,以上所述有关城市公共空间更新和树木、绿地整体保护的规定,同样适用于都灵城市滨河地区公共空间和绿地空间的保护。

(2)都灵关于滨河地区保护的其他法规

1)关于河滨公园的保护

针对河边人口稠密的大片区域具有一定复杂性的特点以及由于多年来被忽视而导致的不断退化等问题,市政府特别制定了保护和复兴波河河滨公园的法律法规,抑制环境的恶化,规范和约束保护区的发展,从而促进河流及其周边地区的持续使用。

1948年,都灵颁布了第一部关于瓦伦蒂诺公园地区的景观保护法规,不久后颁布了重要公共价值声明书,随后为了保护景观、绿地、沿波河街道以及山丘主体景观,又针对波河流经城市的一段范围提出了约束制度⑤。

几年之后实施了名为《都灵波河河滨公园》(Il Parco Fluviale del Po Torinese)的城市法规,都灵境内位于波河、多拉河、斯图拉河和萨高奈河沿岸的几个城市公园都被列入保护范围之内。

---

① 参见 Piano Regolatore Generale di Torino:Norme Urbanistico Edilizie di Attuazione:Art. 25 paragraph 1 and paragraph 2

② 同上,Art. 25, paragraph 2

③ 同上,Art. 27, paragraph 11

④ 同上,Art. 27, paragraph 12

⑤ SISTRI Alviero. La normativa per la tutela del verde pubblico:il caso di Torino// CORNAGLIA Paolo, LUPO Maria Giovanni, POLETTO Sandra. Paesaggi Fluviali e Verde Urbano:Torino e l'Europa tra Ottocento e Novecento. Torino:Celid, 2008:117

波河公园最初由皮埃蒙特大区建立①,目的是保存和保护这一大片滨河区域的自然、环境、景观和历史特征,尤其是从山顶方向看下去的景观。由此可以理解当地立法机关重视保护由波河构成的自然遗产,从而改善水生物环境并使其远离污染物且不被侵害的必要性②。从这个角度来看,在这一区域内采取恰当的方式保护动、植物群落以确保对自然资源的保护是十分必要的,特别就下文中将要提到的保护区而言显得尤其重要。

L. R. 28/1990③建立了这些滨河地区范围内的保护区,即依照地方法规和 L. 183/1989 的相关条款建立的波河沿岸保护区系统,之后的 L. R. 65/1995 扩大了其范围,再后来的 L. R. 38/1998 和 L. R. 14/2001 对其进行了修订。

用于约束建设活动的法律法规和 L. R. 28/1990 中规定,波河流域的保护区系统应与波河滨河公园相协调,受到区域规划以及其他特殊规划工具的制约。

根据领土"区划"的逻辑,地方立法机关制定的保护制度目前分为四个层次④,波河公园所在区域也相应地划分为四类:特别自然保护区、整体自然保护区、预备区和保护区。都灵波河流域保护区界线的划分必须符合由水

① L. R. 43/1975(后来经过整合和修订)提出建立公园和自然保护区的要求。值得注意的是,皮埃蒙特大区是意大利第一批通过法律框架实现遗产保护管理的地区之一。公园和自然保护区具有特殊自然和环境价值,为其提供适当的保护措施是必要的,这部法律实际上为皮埃蒙特大区内这些区域的政策决策和以后的完善奠定了基础。因此,可以说 L. R. 43/1975 颠覆了传统的法律规定,至少完全改变了对土地管理方面问题的看法,代表着一次文化革新。

② 最近的 L. R. 37/2006 简明地指出,水生物生态系统是皮埃蒙特大区自然遗产必不可少的组成部分,必须受到保护。

③ 就波河河滨公园的相关法律而言,该地区法规依据早期由 L. R. 12/1990 提出、后来由 L. R. 36/1992 细化的指导方针,不但提出了整个皮埃蒙特大区范围内一系列直接的保护措施,还提出了编写公园区域规划的要求。

④ L. R. 65/1995 第 2 条指出:"L. R. 28/1990 第 1 条修订如下:第 1 条——保护区的建立。1)根据此法律规定,建立波河河滨带保护区系统。2)第一款中提出的保护区系统中,应明确不同区域的分类,即特别自然保护区、整体自然保护区、预备区、保护区。"L. R. 28/1990 第 1 条重申了 L. R. 12/1990 第 5 条中提出的保护区分类:特别自然保护区、自然保护适应区、整体自然保护区、预备区、保护区。

域管理局提出的所谓波河 A-B-C 洪水带的规定①且受其他法律法规约束②。

L. D. 42/2004(《文化和景观遗产法》)③及后来的 L. D. 157/2006(2006 修订版)中修订的内容为波河沿岸保护区系统的领土开发提供了法律制度约束。基于 L. 431/1985 中提的相关假设,《文化和景观遗产法》重申,由于它们的景观价值,河流及其河岸、公园和公园以外的国家级、地区级保护区受此法律制约。

2) 关于水文地质环境的保护

2001 年 5 月 24 日由部长理事会批准了《水文地质环境规划》,简称 HSP④,2001 年 8 月 8 日在《官方公报》上刊登。编写该规划,主要源自近些年影响都灵滨河区域的自然灾害和山体滑坡,主要目的是控制水文地质灾害使其与土地使用价值相协调,保证人身安全并减少地区灾害对于公共和私人财产的破坏。《水文地质环境规划》是统一和巩固滨河区域规划政策必不可少的工具,不管在公园区域规划中还是在城市总体规划中,都被看作最重要的参考文件。

3) 关于城市绿地空间的保护

在保护城市绿地的城市法规中⑤,最值得一提的是最近的《都灵城市公共和私人绿地法规》(Regolamento del Verde Pubblico e Privato della Città di Torino),2006 年 5 月 6 日由城市管理委员会决议通过,2006 年 5 月 20 日开始实施。该法规共有 90 条,主要目的是保护都灵重要的绿色遗产。从此,

---

① A 地带即"洪水溢出带",B 地带即"洪水带",C 地带即"特大洪水带"。

② 滨水地带的区域规划,由以前的 L. 183/1989 第 17 条第 6 款起草并由 L. 493/1998 第 12 条修订,是一个在允许的功能范围内划定滨河区域边界的工具,主要通过行为规划(事件、义务、命令等)、液压安全的物理结构的实现、水资源的利用、土地的使用(用于居住、农业或工业)以及自然和环境组成部分的保障[实施细则由 1998 年 7 月 24 日的总统令(D. P. C. M.)批准]等方式来实现。此外,区域规划不但是波河区域规划的主要参考,其影响力也超过城市总体规划。多年来,水域管理局已发出多次命令,旨在对高危险性的状况进行控制。

③ 《文化和景观遗产法》参考了《欧洲景观公约》和《佛罗伦萨宪章》中的内容,对于"景观"给出了一个明确的定义,由国家法律 L. 14/2006 正式批准。

④ 《水文地质环境规划》中涉及的区域包括除三角洲地区以外的整个波河流域。

⑤ 在过去几年中已有一些关于都灵"绿色遗产"调控措施。1993 年 12 月 13 日批准(1994 年 2 月 4 日起执行)的《修复工作条例》就提出了树木和绿地的保护措施。此外,2004 年 12 月 20 日市议会决议通过(2005 年 3 月 1 日起执行)的《建筑条例》还对维护、教育、保护城市范围内公共和私人绿地做出了规定。

该法规与国家和地区更高级别的法律以及《佛罗伦萨宪章》中对历史园林保护原则的相关规定共同成为彻底解决城市公共绿地这一复杂问题的参考和依据。这一法规有利于改善待保护的城市绿地空间的景观价值，不仅有助于改善气候和生态环境、城市和社会功能，还承担了环境教育和提高城市生活质量的重要责任。

《都灵城市公共和私人绿地法规》第1条第5节规定[①]：

① 保护和增加绿地，使其成为决定城市环境、提高居民生活质量以及和谐发展区域新经济和提升旅游业吸引力的元素；

② 合理化管理现有绿地；

③ 制定一个完善的、专业的新绿色工程的方案；

④ 提倡城市范围内绿地空间的使用与自然资源和谐；

⑤ 鼓励市民参与城市绿地空间管理和发展的相关事务；

⑥ 提出干预绿地空间的方式和土地更新的方式，以便更好地保护现有植物，增加城市绿地和绿地空间之间的联系，使空间更易于接近并加强空间之间的联系，建立一个真正的绿地系统，从而促进城市生态系统的优化；

⑦ 保护和增加生物多样性；

⑧ 通过公共信息和公共事件，提高和增长关于动、植物的生长及其功能的知识，在城市范围内普及绿色遗产的知识并传播尊重绿色遗产的文化。

因此，该法规是一个推动、管理和保护都灵绿地空间的重要工具。该法规根据都灵的地理条件，特别强调了城市与河流特殊的关系。都灵滨河地区是由河滨公园组成的一个有机整体，由绿带、自行车道和步行道组成的复合体联系在一起。该法规的实施实现了基于新的使用功能的基础上在河流及周边地区恢复城市景观并将其归还给市民的美好计划。

此外，法规第10条编制细则中还指出对这些绿色遗产的干预必须以保护和提高为原则，必须在一定时间内有计划地进行，以确保城市整个绿地系统的发展处于最好的状态。

38

---

① SISTRI Alviero. La normativa per la tutela del verde pubblico：il caso di Torino// CORNAGLIA Paolo, LUPO Maria Giovanni, POLETTO Sandra. Paesaggi Fluviali e Verde Urbano：Torino e l'Europa tra Ottocento e Novecento. Torino：Celid，2008：119

除了对城市整体绿地系统的保护外,该法规中还包括了一些其他更详细的条款,如保留和保护古树名木、纪念物以及普通植物和绿地的方式等。在这方面,该法规最重要的贡献是建议成立一个委员会来评价是否有可能将某些树种列入都灵市古树名木保护树种的名单。

法规第37条还提出了环境补偿的原则,规定:"移除公共树木时,在与绿化管理部门规定的保留或移除现有树木不相符的情况下,应该充分估计所有将被砍伐的树木的装饰价值或者其在美学及生态方面受到的损害,目的是原地保留树木并出于安全因素削减其体积或者直接将树木移植到其他地方。"①树木的装饰价值必须被确定且作为在移植区域附近实施补偿措施的基本参考。在这方面,法规第37条从根本上继承了很早以前的 L. D. 227/2001中第4条提出的关于森林补偿原则的条款:"森林的补偿必须通过在非林地上再造林来实现,须使用国内树种,最好使用当地树种。各地区应该确定符合森林补偿原则的林地最小尺寸,砍伐树木时凡是超过这个范围就必须进行相应的森林补偿。"②

法规第51条提出建立一个绿色区域管理委员会,实际上表达了一种意向,希望建立一个机构统管所有不直接被公共绿化部所管辖的公共、私有绿化工程和城市内新建绿色区域的项目以及现有绿色区域的改造和更新项目③。

2.3 意大利遗产保护的职能机构

2.3.1 国际组织

1926 年,国际联盟的知识合作委员会成立了国际博物馆管理局(简称IMC),成为第一个关注文物建筑保护的国际组织。1931 年,国际博物馆管理局在希腊的雅典召开了一次国际会议,主要讨论历史和文物建筑的修复问题,最终的大会决议成为著名的《雅典宪章》,这个宪章标志着国际文物建筑修复和保护的共识与合作的良好开端。基于《雅典宪章》的原则,1932 年

---

①②③　SISTRI Alviero. La normativa per la tutela del verde pubblico: il caso di Torino// COR-NAGLIA Paolo, LUPO Maria Giovanni, POLETTO Sandra. Paesaggi Fluviali e Verde Urbano: Torino e l'Europa tra Ottocento e Novecento. Torino: Celid, 2008: 119,121-122

由国际博物馆管理局主持在罗马召开的一次国际会议提出了《文物建筑修复的意大利宪章》,简称《罗马宪章》。这个宪章的实质是一个技术要求和标准,由于意大利积极参与的态度,它实际上成了指导文物建筑修复的国际技术规范。

第二次世界大战以后,国际修复与保护的组织活动几乎瘫痪,因此,面对战后沉重的重建工作,亟待建立一个有效的国际组织在那些充满敌对情绪和政治分歧的国家之间来解决建筑文化遗产修复和保护的问题。1945年,联合国成立,取代了国际联盟,国际博物馆管理局也更名为国际博物馆学会(简称ICOM)。1950年,联合国教科文组织委托国际博物馆学会在意大利的佛罗伦萨召开会议,建议成立一个国际公约组织,用来指导和监督文物建筑保护与修复工作。1956年这个组织正式成立,定名为国际文化财产保护与修复研究中心,简称ICCROM,总部设在罗马。

此外,保护历史文物古迹国际联合组织中由各国专家组成的"知识界联合会"、从事历史文物建筑工作的建筑师和技术人员国际会议、文物财产保护与修复研究国际中心等机构总部都设在罗马。至今联合国教科文组织中有关古城和古建筑保护的大部分机构都设在意大利,奠定了意大利在文物保护与修复领域的主导地位[①]。

2.3.2 政府职能部门

意大利始终认为领土上的文化遗产体现了国家的根本利益,强调保护文化遗产是中央政府的职责,在管理体制上的一个突出特点就是实行中央政府垂直管理制度。这一模式的基本特点就是由中央政府在全国各地建立保护行政管理网络,直接委任地方代表并垂直领导。国家遗产部统一管理全国的文化遗产保护工作,目前遗产部工作人员不到100人,设有10个司局,代表中央政府任命文物监督人并向各地派驻,履行中央政府相关法令,负责所在地区的文化遗产保护工作。

(1)中央政府职能部门

1920—1930年代,在法西斯政权的统治下,意大利成立了大众文化部(Il

① 何洁玉,常春颜,唐小涛. 意大利文化遗产保护概述. 中南林业科技大学学报(社会科学版),2011,5(10):150-152

Ministero della Cultura Popolare），专门负责全国的文化事务。意大利是首批创立该部门的欧洲国家之一。尽管法西斯独裁政权对这个部门有一定的负面影响，但其对于国家在文化政策方面的职能定位和其对于文化制度的理解在今天得到了广泛的认可①。第二次世界大战后，国家保留了大众文化部并将其划分为几个部门。

意大利的文化遗产管理在很长一段时间内都归属于教育部。1970年代意大利遗产保护工作发生了一系列转折，许多重大的机构进行了改革和重组，由此开始了一场长期的国家文化职能的合理化过程，促进了文化领域公共政策的创新。1975年，伴随着欧洲建筑遗产年的到来，意大利组建了文化和环境遗产部（Ministry for Cultural and Environmental Heritage），重组了原来由教育部主管的博物馆、纪念馆、图书馆和文化机构，由内务部主管的档案馆和由总理办公室主管的图书出版等机构和职能，成为意大利政府专门负责文化事务的行政管理部门，突出强调了意大利文化遗产作为国家文化政策的基石的地位②。其主要职能包括：保护和不断发展传统历史文化，提高全民族特别是青年一代的文化素质；对外树立意大利形象，积极参与国际竞争，防止沦为"文化霸权"主义的殖民地；以传统文化优势促进现代经济的全面发展。文化和环境遗产部下设20余个文物管理局，负责管理全国各地的文物古迹及名胜景观。

根据法律（No.368/1998），1998年意大利又重新组建了文化遗产和活动部（Ministero per i Beni Culturali e le Attivit Culturali，Ministry for Cultural Heritage and Activities，MiBAC），政府扩大了其职能范围，将以前由总理办公室主管的表演艺术和电影纳入其管理范围内，2000年又将出版权并入其主管。意大利的文化遗产保护同现代艺术、新建筑、博物馆、电影、体育、旅游等放在同一部门进行管理，而非隶属于像中国国家文物局这样的部门，文化遗产和活动部成为唯一全面负责文化事务的意大利中央政府。文化遗产和活动部下设六大部门，分别负责不同文化遗产的保护、维修及产业化运营的宏观规划、监督与管理（图2.1）。此外，还在各地设置相应

---

①② Council of Europe/ERI Carts. Cultural Policies in Europe: a compendium of basic facts and trends, 2003[EB/OL]. http://www.culturalpolicies.net/web/index.php

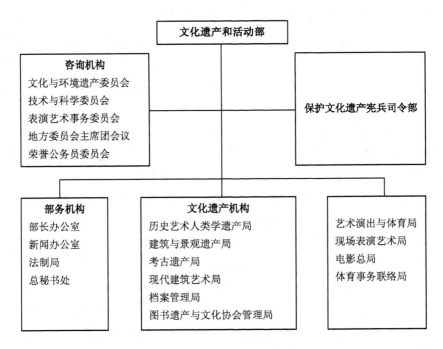

图 2.1 意大利文化遗产和活动部机关组织结构图

资料来源:顾军.文化遗产报告——世界文化遗产保护运动的理论与实践.北京:社会科学文献出版社,2005:23

的文化遗产监督署,负责监管地方政府对中央文化遗产保护政策的落实情况[1]。

2009 年政府在文化遗产和活动部设立"文化遗产价值开发司",取代了文化遗产和活动部、经济部、交通部、环保部等多部门组成的"混合委员会",负责协调艺术市镇和文物古迹所在地的环境规划和基础设施建设[2]。

(2)地方政府职能部门

意大利文化遗产保护实行以国家管理为中心,地方自治为主要手段的传统管理模式。意大利地方政府也设立文化遗产保护机构,职责是负责本地区文化遗产的宣传和推广。如各大区设立文化遗产保护局,负责对大区内的文物进行保护指导;各市又设有专门的文化遗产保护机构,具体从事文

① 顾军,苑利.文化遗产报告.北京:社会科学文献出版社,2005:21-22,30,22-26
② 意大利实施文化遗产开发新战略[EB/OL].(2009-04-16).http://www.gxnews.com.cn.

42

物登录、维修保护、提供各项保护及经营经费等工作,如庞贝文物中心局、斯普莱托文物保护中心、维琴察文化遗产保护组织等。派驻各地的代表有行政执法权,主要有两个内容:一是对个人破坏文化遗产的行为有权予以直接处罚;二是对地方政府破坏文化遗产的行为有权直接予以阻止,如果发生纠纷,交由中央政府予以评判。如果地方政府不服,可提起司法诉讼,最后由法庭判决[①]。

(3) 文物监督人

意大利遗产管理工作的一大特色是"文物监督人"制度。1907 年首次在全国范围内设立了 47 个文物监督人,成为中央政府与地方政府之间的纽带[②]。从 1975 年建立文化和环境遗产部开始,妥善保护并充分利用文物古迹的观点得到肯定,文物监督人越发得到重视。1998 年文化遗产和活动部组建,文物监督人属于文化遗产和活动部直接领导的"建筑历史环境监督局"(Soprintendenza per Beni Ambientalie Architettonici),分为建筑与环境、考古、艺术和历史遗产、当代艺术四大分支。

意大利文物监督人的突出特点是直接派往地方政府,代表中央政府指导地方的保护工作,使文化遗产得以正确地保护、修复和使用。文物监督人拥有国家赋予的财政和业务方面的自主权,每年向国家建议所负责地区的大小修缮项目名录,任何文化遗产的改变首先要得到文物监督人的同意,文物监督人直接干预能力很强,对地方政府的开发与保护预案进行审核,有法律规定的执法权,有权阻止地方政府、私人的任何不适当开发行为,对个人破坏文化遗产的行为有直接处罚权,而不需要层层报批。

43

除地区性的文物监督人外,意大利的某些重要研究机构、学术团体也存在文物监督人的垂直领导制度,他们是特殊的文物监督人(special superintendeces),如佛罗伦萨的石匠学院、东方艺术博物馆等 5 家国家级的专项展览馆同样设立了文物监督人。大区也可以设立一位经验丰富的总文物监督人,西耶纳、罗马、庞贝等古迹众多的古城也可独立设立文物总监督人,其下

---

① 龙运荣. 从意大利和英国管理模式看我国文化遗产保护的新思路. 湖北社会科学,2010(7): 108-110

② PAOLO Galli. Cultural assets for sale. A comment on the Italian Code for the Cultural Assets and Landscape,2005

属是一个协作团队。文物监督人通常拥有大学教授、著名建筑师、考古学家等职业背景,在该领域颇具权威性,具有代为政府处理复杂问题、提供咨询、协调地方政府与中央政府保护方针政策的能力①。

2.3.3　文物执法机构

意大利还拥有一支世界上唯一的文化遗产保护武装部队——文物宪兵队。1969 年,根据法律规定,意大利设立了专门负责打击文化遗产犯罪活动的执法机构和队伍,称为"文物宪兵"。宪兵介于军队与警察之间,类似于我国的武警。文物宪兵共 300 余人,分为 12 支队伍,设有专门的司令部。文物宪兵是双重管理体制:一方面与其他特殊宪兵如税务宪兵一样,统一隶属于国防部,属于军队序列,经费由国防部统一支付;另一方面直接隶属于遗产部,日常工作听从遗产部命令。因此在体制上受国防部和遗产部的双重领导。文化遗产的内部安全工作由遗产部负责,文物宪兵的主要任务是打击各种文物犯罪活动如盗窃、盗掘、走私等,查处赝品和追索非法流出境外的文物②。1972 年文物宪兵司令部设立了一个最权威、最丰富的文物信息中心,文物经营者和所售文物必须在文化遗产和活动部登记备案。

2.3.4　国家编目机构

为加强文化遗产的信息共享,意大利政府设立了全国文物普查登录所,所有的国有、公有文化遗产和重要的私有文化遗产都要进行登录并编目。1975 年,在当时的文化和环境遗产部中首次设立了中央文献编目与登录中心(The Central Institute for Cataloguing and Documentation, CICD)负责遗产目录的编制及管理,是意大利遗产登记的固定渠道。一切与文化遗产登录、编目工作相关的规划、标准、计划项目及参与活动均由中央文献编目与登录中心负责。根据法律(Decree No. 805 /1975),文化遗产和活动部下属四个研究中心是意大利中央政府决策的重要助手,研究中心之间存在一定的工作交叉以及对具体项目的联合推进,中央文献编目与登录中心是很重

---

① 朱晓明. 意大利中央政府层面文化遗产保护的体制分析. 世界建筑,2009, 228(6): 114-117

② 朱兵. 意大利文化遗产的管理模式、执法机构及几点思考[EB/OL]. (2008-03-19). http://www.npc.gov.cn

要的核心。还设立了文物监测中心负责全国文物的跟踪与观察,建立国家遗产风险图。此外,各地方政府和教会团体也要按国家法令和专业技术标准,开展文化遗产登录和编目工作[1]。意大利遗产管理采用的是分中心的大区模式,中央文献编目与登录中心收录的基础资料主要来源于大区政府,大区进一步要求各省专门组建一个文化遗产的登记委员会,负责文化遗产登记,并提供照片、图表、文字的登记基础资料[2]。

2.3.5 民间组织

意大利民众对古城、古建筑、古文物有强烈的保护意识,并常常主动争取参与保护工作。有许多自发的民间保护组织,如"我们的意大利""意大利艺术品自愿保护者联合会""意大利古宅协会"等,在文化遗产保护中发挥了重要作用。"我们的意大利"是其中最具代表性的一个,其宗旨是宣传保护历史文化遗产和自然环境,在国内外有一百多个分部和十几万会员,设有资料、研究、出版和教育机构,既是舆论力量,又是一个学术性实体。其成员来自社会各阶层,有政府官员、专家学者、企业家、金融家、记者、工人、农民等,他们没有任何的报酬,然而却自觉地对古城、古建筑、古文物保护进行宣传,搜集民众对保护的看法,提出保护措施并对政府在这方面的决策提出建设性意见,在推动政府法律制度建立、遗产保护、社会宣传等方面发挥了巨大作用[3]。意大利政府对这些组织的工作也给予了积极肯定,经常聘请他们作为保护方面的顾问,并规定凡涉及列入保护范围的历史建筑和街区的拆迁、重建、修缮等事宜,地方政府必须征得当地有关社团的同意。该组织经常通过报刊、论坛对保护及违反保护的事件及单位、个人进行评论,甚至对政府制定的措施办法也是如此。而政府对这些评议极其重视,认为是合理的马上给予采纳。这些组织在主观上发挥了政府智囊团的作用,使政府的决策更趋向合理化也更确切地表达了广大民众的愿望。这样可以使遗产保护工

45

---

① 意大利文化遗产的登录编目与信息化管理[EB/OL].(2006-08-29).http://www.wchol.com

② 朱晓明.意大利中央政府层面文化遗产保护的体制分析.世界建筑,2009,228(6):114-117

③ 刘桂庭.意大利的名城保护.城市发展研究,1996(5):27-28

作得到广大民众的支持,从而使保护工作得以顺利开展①。

2.3.6　教育咨询机构

（1）教育机构

下属于罗马中央文物修复中心的修复学院,被称为文物修复专业人员的摇篮,其任务是对文物古迹进行检查修复,研究文物保护办法,培训人才。根据文物保护工作的需要,该学院开设有绘画、雕刻、纺织品等修复专业,学员不仅要学习相关的历史和技术知识,还要学习与工作关系密切的化工、物理、生物常识。该学院本身就担负着一些重点文物的保护和修复工作,这对于学生来讲既是理论课,又是实践课,通过动手可以促进理论知识落实到实践中去。1940—1980年代初,意大利只有这一所文物修复学校,为了保证理论与实践相结合,提高教学质量,校方坚持每位教师只带一名学生,每届只招18名学生。三年毕业,成绩优异者获"修复师"证书,成绩较差者获"修复工"证书。学员毕业后大多自己组成合作社,承包或参加文物修复工作②。之后,罗马大学建筑系设立了古建筑保护的研究生院,威尼斯有建筑遗产保护职业培训中心,通过培训班或学校、节庆活动、展览等途径引发整个社会对文化遗产的关注,使其在环境式、生活式的教育活动中得到传承。

（2）咨询机构

为解决政府机关的非专业问题,意大利文化遗产和活动部设置了五个技术咨询委员会,各有明确分工,委员会还下设专业委员会。《自然景观法》第2条规定:"各省应根据国家教育部有关命令组建一个专业委员会,由国家教育部从国家教育、科学和艺术委员会中选出代表主持工作。参加咨询的代表还应包括各地皇家文物保护人、省旅游机构的主任或代表、市长及相关行业代表,必要时还吸收矿业专家、国家森林部队代表和艺术家参加。"此外,历史学家、考古学家、建筑师、规划师等高素质人才也可以以各种方式参与文化遗产的保护和规划。

---

①　刘桂庭.意大利的名城保护.城市发展研究,1996(5):27-28

②　詹长法.罗马——无法修复的城邦.华夏人文地理,2004(1):62-81

2.4　意大利遗产保护的资金保障制度

2.4.1　资金来源

意大利在文化遗产保护的资金支持方面，以国家投资为主，通过政府加政策合力保护的方式，确保文化遗产保护有比较充裕的资金支持。遗产保护的主要资金来源有以下几个方面。

（1）公共财政

意大利的多数文化遗产属于国家，长期以来一直由国家负责保护和管理，所需大量资金主要由政府负担。目前在意大利的历史文物景观中，只有罗马的斗兽场、那不勒斯的庞贝古城和佛罗伦萨的乌菲齐博物馆是盈利的，其他景观都要靠国家财政拨款保证运营。尽管意大利公共财政入不敷出，但财政每年仍拿出大约 20 亿欧元的经费用来保护文化遗产，政府每年都要从财政收入中拨出数亿欧元专款用于文物修复。2004 年，意大利政府在文化遗产保护方面的费用约占 GDP 的 0.4%，并力争在近几年内逐步提高比重，最终实现 1% 的目标。

（2）博彩收入

意大利是彩票的故乡，更是文化艺术的殿堂。意大利人钟爱彩票，同时也对自己的祖先遗留下来的文物古迹倍加珍爱。为此，每年从发行的彩票和游戏收入中拿出一定比例的资金，赞助文物修复活动，是意大利遗产保护公共财政制度的一大特色。1996 年，意大利颁布法律，规定将彩票收入的 0.8% 作为保护文化遗产的资金，当年就通过发行彩票获得了 15 亿欧元的保护经费收入。根据政府 1997 年的财政预算，政府从发行的各类彩票收入中按一定的比例每年增拨约 1.5 亿欧元的资金，通过政府文化遗产和活动部，赞助各地修复和保护文化遗产、历史考古遗址和图书馆以及其他文化活动等。意大利官员认为，此举不仅增加了博彩收入使用的透明度，而且"取之于民用之于民"，使老百姓真正从中受益，受到各界人士的普遍欢迎。1997 年政府批准增加到每周两次抽彩，彩票业的规模越来越大，政府的彩票收入迅速增长，1999 年意大利全国仅经营"数字彩票"的收入就达 19.536 万亿里拉。1998—2000 年的三年间，意大利政府利用彩票资金启动了约 200 个新的文物保护项目,同时完成了一些停顿多年的老项目[1]。

(3) 企业和私人投资

第二次世界大战结束后,意大利政府更迭频繁,持不同政见的政党轮流上台执政。然而,无论是哪派政党执政,政治倾向如何,都对文物保护给予高度重视。长此以往,爱惜文物、保护文物、尊重文物保护工作在全社会蔚然成风。因此,企业舍得投入,私人也经常慷慨解囊,因为这不失为一条博得公众好感、树立企业和个人良好形象的捷径。意大利政府鼓励企业尤其是私人企业家投资保护文化遗产,同时对投资文物保护和文物修复的企业和个人给予税收优惠[2]。

(4) 使用单位投资

意大利文化遗产中有一部分建筑至今被政府机构或单位使用着,对这些建筑的日常维修和保护,主要靠使用单位投资。如都灵的瓦伦蒂诺城堡,建造于 17 世纪,至今已有 400 多年的历史,加之里面众多的收藏品和保存完好的壁画及室内装饰风格,已被列入意大利文化遗产名录,在全国历史文化遗产中占据相当的分量。该城堡如今是都灵理工大学建筑与城市学院的所在地,学院在使用该历史建筑的同时不断对它进行阶段性修复和保护工作。如今,建筑内部绘有大型古典壁画的大厅、锦帛装饰的房间、造型别致的巨型吊灯、随处可见的精美装饰和雕塑、镶有珐琅的玻璃窗以及各种古朴典雅的家具和大量的艺术品,都保存完好,有些仍然在继续使用。

2.4.2 激励机制

(1) 税收激励

意大利政府为了鼓励企业尤其是私人企业家投资保护文化遗产事业,对投资文物保护和文物修复的企业和个人给予优惠税收待遇。例如,在意大利除食品部门以外的企业的增值税率通常是 19%,而一般文化企业的增值税率仅为 9%[3]。

---

① 顾军,苑利. 文化遗产报告——世界文化遗产保护运动的理论与实践. 北京:社会科学文献出版社,2005

② 杨青. 意大利的文化遗产保护. 环球视野,2006(9):48-49

③ 吴卓平,杨杰,汪惠青. 意大利与美国支持文化遗产保护的公共财政制度比较分析. 中国市场,2010,40(10):116-117

此外,意大利政府还非常注意对文化遗产进行开发和利用,并通过对文化遗产的开发利用,加大旅游业的吸引力,通过旅游业拉动其他产业(如交通、餐饮、住宿和相应的服务业,以及旅游纪念品、服装、首饰、箱包、皮革、皮鞋、艺术品、化妆品、当地土特产品和百货业等)的发展和繁荣,既可以提高当地居民收入,也可以促进国家税收的增加,反过来保证公共财政投入的增加。

(2) 鼓励公司股票上市

意大利政府充分发挥私人及企业在文物修复和利用方面的作用,鼓励这些公司的股票上市,其中包括一些博彩管理机构。意大利洛特玛蒂卡博彩公司从1994年开始经营文物彩票,凭借其先进的信息技术设备,成为意大利较有影响的博彩管理公司。由于其经营有方,公司股票2006年在米兰上市。在它的积极参与下,位于罗马市中心的博尔盖塞画廊在经过长达14年的修复后,于1997年6月28日重新开放,使人们有机会再次看到拉斐尔、提香、卡拉瓦乔等许多文艺复兴时期著名画家的原作以及著名雕塑家贝尔尼尼的雕刻等无价之宝。在洛特玛蒂卡博彩公司的资助下,政府于1997年4月举办了"文化遗产周"活动,所有的国家文化遗产免费对外开放。此外,这家公司还和相关部门合作,参与了著名雕刻家米开朗琪罗的雕塑作品《摩西》的修复和保护工程[①]。

本章小结

意大利已经在文化遗产保护和利用方面形成了独特的意大利文化遗产保护模式。政府与民间相结合的文物保护政策,调动了社会各阶层的积极性。完善的、层级分明的法律框架有效地保障了各级保护措施能够顺利落实和实施。多元化的经营、管理、利用为国家进一步开发文化资源产业服务,也促使文物保护成为一种民族自觉、一种社会风气,进而表现出一个民族的文化素养。在文化遗产保护经费方面,以国家投资为主通过政府加政策合力保护的方式、财政投入力度的加大和优惠的税收政策确保了文化遗产保护有比较充裕的资金支持,使意大利珍贵的历史文化遗产得到有效的保护,为人类文化遗产保护理论与实践的发展做出了重要的贡献。

49

---

① 彩票与古迹[EB/OL]. http://www.bwlc.net/salon/content.asp? id=1130

第3章 意大利遗产保护制度对中国的启示

经过长期的探索、实践和积累,意大利的文化遗产保护逐步形成颇具特色的模式。保护机制相对完备,无论是重视历史文化遗产的保护程度,还是文化遗产的保护理念,都值得学习和借鉴。本章从行政管理、立法保障、资金保障、监督评估、公众参与、教育咨询六大体系比较了中意两国遗产保护制度的异同,从而归纳总结出意大利遗产保护制度对我国的启示。

3.1 意大利遗产保护制度与中国的比较

3.1.1 行政管理体系

完善的行政管理体系主要是指科学、高效、精简、完备的管理网络体系,在保护历史文化遗产中发挥着主导作用。意大利建立了多层次的历史城市建筑保护和管理机构,并形成了保护机构网络。首先创立了文化及自然遗产委员会,负责保护政策的制定和执行。其次建立了由中央政府、地方政府、咨询机构、社团组织构成的完整的组织网络体系,明确职责,相互作用。历史城市和古建筑保护的管理机构主要由国家文化遗产和活动部负责。文化遗产和活动部下设历史艺术人类学遗产局、建筑与景观遗产局、考古遗产局、现代建筑艺术局、档案管理局、图书遗产与文化协会管理局,分别负责对出土文物、艺术品、古建筑、古图书以及自然景观等文化遗产的保护、维修及产业化运营的宏观规划、监督与管理。为保持对重要遗产的管理,文化遗产和活动部代表中央政府在法律制定、资金支持、技术控制、国家文献编目、文物监督员派设、重要活动开展等方面起到主导作用①。各大区、市则设有相

---

① 朱晓明. 意大利中央政府层面文化遗产保护的体制分析. 世界建筑,2009,228(6):114-117

应的管理机构,其主要职责是协调并保障国家保护政策的顺利实施,因此对于文化事务没有自由裁量权。

在我国,文化遗产属多部门管理,多部门的管理体制往往因部门价值取向差异而产生标准冲突和利益纷争,这种冲突和纷争往往又在客观上给文化遗产管理经费的筹措带来困难①。而且长期以来,我国遗产保护政府职能部门实行的是地方政府和上级部门"双重领导"制,也就是主管部门负责工作业务的"事权",而地方政府管"人权、财权、物权"。"双重领导"体制下,地方政府存在以"人权、财权、物权"影响职能部门"事权"的操作空间,容易损害国家政策的权威性、统一性。

因此,在遗产管理上,我国目前的一个重要的、迫切需要解决的问题就是设立专职的政府部门统管各种类型遗产的相关事务,或者归一到国家文物局,根据各种类型遗产的"文物"这一共同属性来确定其管理权的归属,实行垂直管理模式。国家文物局不但要将各种类型遗产的管理统为一体,还要能够将与遗产有关的各种事务、工作统为一体,即不仅仅是传统意义上的管理、保护,更要包括在新的社会、经济发展条件下涉及遗产的各类事务,主要包括以遗产为资源、为依托的文化消费服务行业,如旅游业等。只有把与遗产有关的各类事务都归一到文物部门,由文物部门实行统一的、整体的管理,才能够将遗产的保护、管理与服务、经营作为一个整体进行全局规划和统筹,才不会出现近年来为经济目的、在"所有权与经营权分离"的方针指导下发生后果严重、损失巨大的遗产旅游等各种遗产破坏问题。

3.1.2 立法保障体系

一个完备的法规体系由法律、条例、章程、标准等共同构成。意大利在国家层面上以《文化和景观遗产法》作为文化遗产和活动部制定保护、保存和加强意大利文化遗产工作的基本法律依据,其范畴涵盖了文化和景观两部分遗产类型。在地方层面上,都灵将专项保护法规的内容整合进城市规划,形成都灵《整体控制规划》,以一个整体的形式呈现。就特定保护区域层面而言,都灵针对每个类型保护区域的特点都有详细的规定,如关于滨河公

---

① 龙运荣. 从意大利和英国管理模式看我国文化遗产保护的新思路. 湖北社会科学,2010(7):108-110

园的保护有《都灵波河河滨公园》,关于水文地质环境的保护有《水文地质环境规划》,关于城市绿地空间的保护有《都灵城市公共和私人绿地法规》等。在如此完善的法律框架下,本书的核心内容意大利历史地段型城市滨河地区的保护和更新就有法可依、有理可据。

　　我国现有的关于遗产保护的法规体系,在国家层面上主要以《中华人民共和国文物保护法》为基础,制定一系列的法规、准则和具体的保护措施,从文物保护单位、历史文化街区和历史文化名城三个层次建构保护制度,以《关于加强城市优秀近现代建筑规划保护的指导意见》《历史文化名城保护条例》《城市紫线管理办法》等法规为重要组成,基本建立起我国城乡文化遗产保护的法规体系。在地方层面上,上海在城市总体规划的框架下制定了一部具体的保护法规,即《上海市历史文化风貌区和优秀历史建筑保护条例》,确定了上海历史文化遗产保护工作的法律制度、管理体制与运作机制。在特定保护区域层面上,为了确保保护条例的顺利实施,上海市城市规划管理局针对城市中心区 12 个历史文化风貌保护区编制了《上海历史文化风貌区保护规划》,虽然在保护范围、保护分类、保护要素的界定等方面有很多可取之处,但是它仍然没有脱离常规的控制性规划的思路,规划主要体现在物质环境(建筑、绿化、交通、公共服务设施等)的硬件控制上,只不过增加了一些历史风貌的保护要素,在文化和社会的软环境方面(经济、环境、资源、文化、社会、管理等)明显缺乏规划措施。不难看出,目前的保护规划仅停留在城市空间与建筑层面,而对于城市环境和景观方面的保护法规尚未健全(图 3.1)。

　　就总体而言,我国的保护法规体系是重法律、轻规章标准,缺乏针对不同类型遗产的保护工作内容和解决实际问题的详细的、可操作的又具有理论指导意义的规章和标准,在实际工作中遇到问题只能根据《中华人民共和国文物保护法》这个大的、宏观的法律框架来做分析、判断和选择。就目前我国的三个遗产保护层次来说,有关文物保护单位的保护法律法规在数量上是最多的,内容也最为全面,而有关历史文化保护区和历史文化名城的保护法律法规基本上以地方性法规为主。地方性保护法规与全国性保护法律法规相互补充,基本上能够涵盖三个保护遗产层次,但是仍然不够完善,尤其是有关历史文化保护区和历史文化名城的法律法规,亟须充实和发展。

除了三个保护层次之外,我国目前尚未颁布关于景观和自然遗产的保护法规,虽然2006年颁布了行政法规《风景名胜区条例》,但其约束范畴与环境和景观遗产不能完全重合。专门法规的缺位,加大了景观和自然遗产保护工作的随意性,立法缺位困扰着景观和自然遗产的管理,使保护工作缺乏法律依据。因此应该尽快出台文化和景观遗产法,从单纯的《中华人民共和国文物保护法》中脱离出来,像意大利的《文化和景观遗产法》一样,将"文化"和"景观"并列作为遗产看待,同时保护文化遗产和景观资产。同时还应尽快完善地方法规,为城市各种类型的遗产保护工作提出具体的、可操作的实施细则,为保护实践提供切实的法律依据。

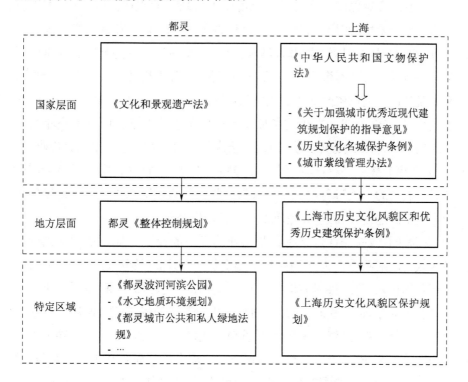

图3.1 都灵与上海保护法律框架比较

除了保护立法之外,在意大利,遗产单位与相关机构都有严格的法律和各种规范约束,保护机制较为顺畅。而在中国,文化遗产单位与旅游、文物交易等行业的关系远未规范化,各种法律法规尚未建立和健全,造成了遗产

53

单位与相关机构关系的混乱,在实施文化遗产保护时出现许多职责不明、相互推诿或争权夺利的现象。正是由于保护机制的不顺,造成了中国遗产保护事业面临着许多问题、困难和挑战,主要表现为:各种基本建设与文物保护的矛盾日渐尖锐,旧城改造及农村城镇化建设与文物保护的矛盾成为焦点;盗窃、走私文物的犯罪活动屡禁不止;文物流通秩序较为混乱等。因此,我国还亟须建立一套法规,规范遗产单位与相关机构的权责范围,使遗产事业的保护机制得以顺利运行。

3.1.3　资金保障体系

完善的资金保障制度是保护制度中不可缺少的组成部分,其基本内容包括资金的筹措、使用与管理。意大利的文化遗产保护资金一般由国家和地方政府的财政拨款组成,款项数额巨大,并呈逐年上升的趋势。通常以国家投资带动地方政府资金,并辅以社会团体、慈善机构及个人的多方合作为文化遗产保护提供资金保障。在立法中明确规定保护对象的资金补助的额度或数量,为保护资金来源的长期稳定提供了立法保证。而且各类相关政策的制定也为保护提供了多渠道、多层次的资金筹措方式,如减免税收、贷款、公用事业拨款、发行奖券、自筹资金等。其中,发行文物彩票是意大利资金保障制度的一大特色,在意大利,彩票收入是全国 3 200 多个博物馆的主要经费来源之一,同时也为建筑遗产保护提供经费。

在我国,政府一直是文物保护事业的唯一的投资主体。从国家到地方各级政府的财政投入为文物保护工作提供了根本的保障,近年来国家对文化事业的投入还在持续增加,但是这与文物保护总体的实际需要相比还是非常有限的、远远不够的。相比较而言,我国遗产的保护资金问题无论从资金投入的绝对数量、资金筹集的渠道与方式以及政策的配合与引导上都有相当大的差距,基本处于一种无序状态。再加上遗产保护认识上的错位,地方政府对遗产保护的配套资金投入力度不够,以致国家投入的遗产保护资金大量闲置,文化遗产得不到及时、有效的维护。若要真正给文物保护工作提供充分的资金保障,还需要在政府投入这种单一的资金投入方式之外积极探索,寻找利用社会各方面资源与力量的多元化方式,建立起完善的遗产保护资金运作制度。借鉴意大利的经验,我国也可以尝试发行文物彩票,设立文化遗产保护基金,每年拿出一定比例的资金用于历史文化遗产保护,不仅能解决资金紧张的困境,同时可以提高普通民众对历史文化遗产保护的关注和参与度。

因此,我们迫切需要开展关于保护资金保障制度的研究,对保护资金的筹措渠道、使用内容和管理方式进行全面的科学研究,促使我国可以投入充裕的资金开展历史文化遗产的保护工作,建立良性的市场运作机制,为保护资金保障制度的形成奠定基础。

在资金保障体系中保护资金如何筹措是一个十分重要的根本性的内容,而保护资金如何使用也同样重要。除了满足有效管理、物尽其用、杜绝浪费等最基本的要求之外,还应该有更宏观、更长远的要求。所谓宏观、长远,即是指保护资金的使用不应该只局限在保护好保护对象本体的层次上,而应该关注整体的社会效应。因为保护文化遗产的最终目的是要促进社会的发展,促进文化与传统的继承与发扬,提高文化遗产所在地居民的生活品质,保持文化遗产所在地的地区活力,保护资金的投入应为这个目标服务。如果保护资金的使用能够产生这样的效益,将会吸引更多的社会投资,也会激励政府进行更多的财政投入,而保护资金的增加将有助于达成这一目标,逐步使保护资金的使用进入良性循环的运作状态中。

3.1.4 监督评估体系

意大利的遗产监督评估体系比较健全,在文化遗产保护工作中发挥了重要作用。中央政府在各地设置相应的文物监督人,以垂直行政管理的方式,负责监管地方政府对中央文化遗产保护政策的执行情况。派驻各地的文物监督人有行政执法权,对个人破坏文化遗产的行为有权予以直接处罚,对地方政府破坏文化遗产的行为有权直接予以阻止,如果发生纠纷,交由中央政府予以评判。如果地方政府有异议,可提起司法诉讼,最后由法庭判决[1]。此外,1969年成立的文物宪兵队,直属意大利文化遗产和活动部,是目前世界上唯——支专门负责文化遗产保护工作的武装部队,也是意大利文物执法工作的一大特色。

---

① 龙运荣.从意大利和英国管理模式看我国文化遗产保护的新思路.湖北社会科学,2010(7):108-110

相比而言,我国的遗产监督评估制度尚不健全,主要表现在:第一,遗产地的行政主管部门对世界遗产的日常经营管理的监督有待强化,对在世界遗产内开发项目的破坏性预防不够,对遗产地违章建设活动的整治力度需要进一步加强。第二,目前我国遗产管理的公众参与度较低,尤其是遗产地居民参与管理、监督的范围较小,社会公众舆论监督力度不强。

因此,我国一方面要大力加强行政部门对遗产工作的监督力度,在管理中加入有执行力的部门,使文化遗产的概念在弹性中依然具有强大的约束力。不妨借鉴意大利的先进经验,设立遗产保护"监督人",接受中央政府的垂直领导,代表中央政府派驻各地,履行政府的相关法令,协助地方政府制定规划和技术方针,以确保保护与方针的范围、保护对象的类型和保护措施。另一方面,还要鼓励社区民众、新闻媒体及民间保护组织主动参与世界遗产的保护监督,建立公开透明的舆论监管渠道和信息沟通机制,加强遗产资源保护的民间监督。

3.1.5 公众参与体系

西方发达国家的公众参与主要是一种民众自发的参与,最初都是伴随着经济文化的发展、民众自我意识的提高而出现的自发保护运动。这些遗产保护运动,最终影响了政府并促进了相关保护法规的出台以及非政府保护团体的产生。在意大利,各种支持性的民间社团组织得到高度重视与发展,是文化遗产保护的重要力量,是遗产事业的重要资金与人才来源。这些社团组织在文化遗产保护咨询、经费筹措、项目登录和项目施工管理等方面起着不可替代的作用。除了国家各级政府机构外,意大利还有一些保护历史城市和古建筑的民间团体,如"我们的意大利"在推动政府建立法律、健全制度、保护遗产、社会宣传等方面发挥了巨大的作用。

而在中国,除遗产研究单位与专业协会外,资助性组织和志愿者团体很少。文化遗产保护好像是政府一家的事情,与广大老百姓没有多少关系,造成保护力量十分单薄。一直以来我国遗产管理体制采取以国家行政管理为核心,"自上而下"地推进。这种管理体制的优势在于基本上不存在财产所有者与文物管理者之间的矛盾,减少了有益于遗产保护的措施在建筑所有者那里无法获得贯彻实施的弊端。但是这种管理体系的弱点是参与者往往是被动地处理保护中的问题，缺乏自发的保护意识，在某些地方甚至成为地方政府、民众的负担。这种由国家政府包办的单一管理模式，目前已经成为我国建筑遗产保护管理滞后的核心问题之一。

我国有数量庞大的各类建筑遗产需要获得保护和关注，因此亟须针对我国建筑遗产管理中出现的问题与矛盾，建设新时期建筑遗产管理方法，从根本上建立"社会化、法制化、开放化"的遗产管理体制。首先，知情权，这是公众参与遗产保护的前提条件。然而，由于法律、法规在这方面的缺失，很多政府部门无法确定哪些信息可以公布，哪些不可以。这不仅使公众参与无法顺利进行，还助长了开发商通过贿赂等手段获取内部信息、牟取暴利、破坏城市景观等恶性事件的发生。虽然，目前我国许多城市已经采取了"公示"等形式搜集民众意见，但是，由于多限于对于规划成果的宣传，因此还不能达到公众与政府、专家之间互动交流的效果。上海市城市管理规划局在信息公开方面所做的工作较为突出，但从其官方网站上公开的信息可以看出，仍然是以规划成果、已通过批准的政策条文以及建设项目审批结果为主，这种事后的信息公开使公众参与往往处于被动，带有象征性的特征。其次，公民自身的素质和相关专业知识还有待提高。随着改革开放和市场经济的发展，人们受到西方民主思潮的影响，对于公共事务知情权、参与权和决策权的呼声日益高涨。但是，现阶段，居民的关注还停留在与自身利益相关的小事务、小环境上，而对于像历史文化遗产的长远发展和保护方面，并没有太多的兴趣，也就是说，我国公众参与遗产保护还停留在最初级的阶段，民众的民主意识并没有达到社会发展的高度。究其原因，这与公民自身的素质和相关专业知识有密切联系。历史文化遗产保护是一门综合多学科、专业性较强的行业，要真正参与其中，必须具有一定的专业知识和文化素养，如对相关历史知识、遗产环境的了解，对遗产整治方式的认识，对于相关规划知识的掌握等等。正如克嫩(Frans H. J. M. Coenen)所指出的"参与要求市民在知识、能力、时间和资源上具备一定的条件……为了做出选择，人们需要具有相关经验和一定的背景信息……需要具有一定的能力，特别是语言表达能力，以及在讨论地方可持续发展潜在问题的各种利益时所应具有的能力……"①而目前,我国民众的素质离这个目标还有一定的距离,我国对于遗产保护以及规划知识的培训还远远不够,这成为我国公众参与遗产保护的障碍之一。

3.1.6 教育咨询体系

关于遗产保护事业,意大利的教育咨询体系也值得学习和借鉴。意大利把文化遗产当作一门科学、一项全民事业来发展,全国有大量的人才从事文化遗产保护工作。意大利有完善的文化遗产保护教育体制和培训体系,全国有十几所大学开设历史艺术、文物修复、考古、建筑等学科和专业,培养了一批包括历史学家、考古学家、规划师、工程师等专家在内的建设队伍,为历史文化遗产的保护奠定了坚实的人才基础。除此之外,还充分发挥自身的文物优势,注重对居民文物素质的提高。意大利文化部每年都要组织一个文化周活动,活动期间所有公立博物馆免费向公众开放,历史悠久的总统府、议会大厦也定期向社会开放。各级学校还利用这些宝贵的文化遗产,对学生开展生动活泼的历史、文化、艺术教育。在意大利参观时,经常会看到一群学生围成圈坐在历史古迹周围或者某个历史博物馆中,专心地倾听老师生动的讲解。

相比而言,我国关于遗产保护的教育培训体系就显得薄弱许多。在我国只有很少的大学设有专门的文物修复专业,而且在社会主导意识流影响下,很少有人,尤其是年轻人,愿意投身文物修复工作。近年我国的大学生就业压力很大,很多产业人才饱和,竞争激烈,而文化遗产保护事业则呈现人才紧缺的局面。

我国拥有大量的城市和景观遗产,随着遗产保护事业越来越受到社会各界广泛重视,我们非常有必要借鉴意大利的先进经验,建立完善的教育咨询体系,培育文化遗产保护这个新事业。第一,加强遗产保护的公众教育,在全国中小学开设遗产保护的科普教育,增强青少年对遗产保护的认知,在大学教程内可增加遗产专业选修课程,激发与培养公众对文化与自然遗产的尊重,加大对遗产保护手段和法律法规的教育,以及借鉴意大利的经验,

① Frans H J M Coenen. LA21过程对于公众参与规划改革的潜在作用. 国外城市规划,2002 (2):7-8

组织遗产文化周活动,博物馆定期免费向公众开放。第二,加强遗产保护的专业管理人才培训,通过举办专业培训班、专家讲座、远程视频教育等方式,对各遗产管理机构的管理人员进行培训,提高专业管理水平。第三,加强遗产保护的舆论宣传,积极通过网络、电视、报纸、展览、讲座等各种形式,开展遗产资源可持续发展的宣传与教育,普及遗产保护的法律、法规及公约等方面的知识,提高公众的保护意识,努力形成全社会关心、爱护世界遗产并自觉参与遗产保护的氛围。第四,加强区域性、复合性遗产的多学科综合研究,加强遗产保护方面的国际学术交流,尤其要加强与联合国教科文组织世界遗产中心、世界自然保护联盟等国际组织机构的交流,就当前我国遗产资源保护的突出问题开展各种类型的学术研讨。

3.2　意大利遗产保护制度对中国的启示

3.2.1　理顺行政管理体系

应构建自上而下的完整的组织架构,同时调整我国现行的遗产保护多头管理的行政管理体制,成立一个专门职能机构统管遗产事务,或将所有相关事务统归国家文物局管理,其他相关部门仅在各自领域内协助或监督遗产保护的工作。而实行中央垂直管理模式,理顺文化遗产保护体制,加强文化遗产管理,不仅可以减少行政成本的耗损,也能杜绝多头管理带来的弊端。

3.2.2　完善立法保障体系

完善我国文化遗产保护的立法体系,杜绝立法空白,将我国文化遗产保护的各项工作都纳入法律轨道,真正做到在有法可依的基础上对文化遗产进行依法保护。目前亟待完成的工作是构建文化和景观遗产法,将文化和景观统一到一个框架下。同时,完善地方法规,作为城市保护实践工作的法律基础。此外,在相关法规中还应补充经济制约、部门协调、发挥民间组织作用、鼓励公众参与等具体问题,以使保护机制得以顺利运行。

3.2.3　健全资金保障体系

国家投入充裕的资金开展历史文化遗产的保护工作,带动民间资本,鼓励成立非政府性的基金会,吸引公众及私营企业的投资,调动他们参与遗产保护工作的积极性,或发行文物彩票,提高普通民众对历史文化遗产保护的关注和参与度。同时通过税收优惠等激励政策,建立良性的市场运作机制,成立专门机构对保护资金进行规范和管理。

3.2.4　建立监督评估体系

逐步建立由国家向地方派驻专业化的遗产保护"监督人"制度,改善地方上的遗产管理水平,提高监督工作的执行力度,协调高品质的遗产资源与低水平的管理能力之间的矛盾。同时,建立公开透明的舆论监管渠道和信息沟通机制,加强遗产保护工作的民间监督。

3.2.5　创新公众参与体系

创新文化遗产保护的公众参与渠道,鼓励各种社区、民间组织、个人爱好者、志愿者参与到文化遗产保护中来,为文化遗产保护提供咨询、建议和科研帮助,从而保护好遗产并推动社会经济文化的协调发展。一方面通过知情机制和表达机制的建设来保证公众参与的顺利实施,另一方面通过遗产保护以及规划知识的培训提高公民自身的素质和相关专业知识,保障公民的知情权、参与权和决策权得以实现。

3.2.6　扩展教育咨询体系

加强遗产保护的公众教育、专业管理人才培训、舆论宣传及国际学术交流,形成覆盖全社会范围的教育体系和咨询体系,吸引更多的科研人才、文化遗产事业爱好者以及普通公民参与到全社会的遗产保护事业中来,从不同层面推动遗产保护工作,使其可以在健康、成熟的社会大背景下顺利运行。

本章小结

我国是世界上历史文化遗产最为丰富的国家之一,中国的世界文化遗产数量位列全球第三。在我国文化遗产保护工作取得长足进步的同时,由于我国五千年的历史传承,时间跨度大,地域广阔,地区差异大,文化环境有着极大的特殊性,遗产保护的制度建设尚显不够完善。意大利经过多年的实践,在文化遗产保护制度方面积累了丰富的经验:建立多层次的保护、管理机构,形成网络,实行垂直管理模式;由法律、条例、章程、标准等共同构成完备的法规体系;建立多渠道、多层次的资金筹措方式和合理的使用管理方式;形成健全的监督评估体系;从根本上建立"社会化、法制化、开放化"的遗产管理体制,鼓励公众参与遗产保护事业;构建了完善的文化遗产保护教育体制和咨询体系。以上经验对我国遗产保护工作有一定的启示作用。

下篇　策略篇

第4章 历史地段型城市滨河地区概念解析

本章通过对"历史地段"和"城市滨河地区"两个核心概念的分析和整合,得出"历史地段型城市滨河地区"的概念,并从空间要素、景观要素、自然要素、人文要素四个方面分解并研究其构成要素,从而得出历史地段型城市滨河地区的特征以及针对这些特征保护更新的原则。

4.1 历史地段型城市滨河地区的概念

4.1.1 历史地段的概念

历史地段是指"城镇中具有历史意义的大小地区,包括城镇的古老中心区或其他保存着历史风貌的地区","它们不仅可以作为历史的见证,而且体现了城镇传统文化的价值"(《华盛顿宪章》,1987)。在《美国历史地区注册法》中对"历史地段"的解释是:"一个有地域性界线的范围——城市的或乡村的,大的或小的——由于历史事件或规划建设中美学价值联结起来的地方、建筑物、构筑物或其他实体,在意义上有凝聚性、关联性和延伸性。"由此可见,历史地段是指那些能够反映社会生活和文化的多样性,在自然环境、人工环境和人文环境诸方面,包含着城市的历史特色和景观意象的地区,是城市历史活力的见证。历史地段的保护是对文物古迹更全面、整体的保护,也是对城市特色的保护。

(1)国外历史地段概念的形成

在西方各国,对文物古迹及历史环境的保护认识逐渐深入,文物古迹的价值在历史保护街区和保护区中得到升华,其历史连续性和继承性得到延伸和发展,其历史沧桑感也得到充分体现和展示。

1964年,在威尼斯召开的第二届历史纪念物建筑师及技师国际会议,通过了《威尼斯宪章》。宪章指出:"一座文物建筑不可以从它所见证的历史和它所产生的环境中分离出来",从而将文物古迹的保护范围扩大到其所置身的环境。

1976年联合国教科文组织在肯尼亚首都内罗毕召开会议,讨论历史性地区的保护及其对现代的作用,通过了《内罗毕建议》。建议提出:"历史性地区是指在城市环境和乡村环境中,形成人们居住区的建筑物、构筑物及建筑群体,从考古、建筑、历史、艺术或社会文化的观点看,被确认为是统一而有价值的东西。历史性地区,在任何情况下都是人们日常生活的一部分,它反映了历史的客观存在,为适应多样的社会生活,必须有相应的多样社会生活背景。据此,保护历史性地区的价值,将对人们的新生活产生重要意义。"

1987年,国际古迹遗址理事会在美国首都华盛顿通过了《华盛顿宪章》。该宪章以历史地段的保护为重点,界定了历史地段的含义及其保护内容、原则和方法。

(2) 我国历史地段概念的形成

我国对于历史文化遗产的保护也进行了不懈的努力,早在1982年就颁布了《中华人民共和国文物保护法》,并明确规定,"根据文物保护的实际需要,经省、自治区、直辖市人民政府批准,可以在文物保护单位或文物古迹的周围划出一定的建设控制地带。在这个地带内修建新建筑物或构筑物,不得破坏文物保护单位或文物古迹的周边环境与风貌。其设计方案须征得文化行政管理部门的同意以后,报城乡规划部门批准"。在1986年国务院公布第二批历史文化名城的同时,针对历史文化名城保护的不足和旧城改建的高潮,正式提出保护历史地段的概念,规定要重视对文物古迹比较集中、能够较完整地体现某一传统风貌的街区、建筑物、小镇和村落的保护,并要求地方根据其价值划分地方各级历史文化保护区,制定相应的保护规划,将其纳入城市规划大纲①。这里提到的"保护区"所指的正是有价值的建筑群、街区等"历史地段"。

1991年,中国城市规划学会、历史名城规划学术委员会主办的"历史地段保护与更新"研讨会指出:"历史保护地段是指那些需要保护好的具有

---

① 李其荣. 城市规划与历史文化保护. 南京:东南大学出版社,2003:93-94

重要文化、艺术和科学价值,并有一定规划和用地范围,尚存真实历史文化物质载体及相应内涵的地段。这类地段可以是文物古迹比较集中并包括相连邻近的历史文化环境的地段,也可以是能较为完整地体现某一历史时期的传统风貌和民族地方特色的建筑群、传统街区、小镇、村寨等。"1993年襄樊会议则指出,所谓历史文化保护区,就是指能够显示一定历史阶段的社会、经济、文化、生活方式、传统风貌和地方特色的城市或乡村的地段、街区、建筑群及各类地上地下遗址。这两次会议,在理论上明确了历史文化地段、保护区的概念和保护原则,为我国历史地段的保护指明了方向,提供了政策支持和保证。2000年中国近代建筑史国际研讨会对历史地段的特征、价值和现状进行了分析,提出近代历史地段保护、再利用的发展观。

4.1.2 城市滨河地区的概念

本书概念中的"城市滨河地区"指的是位于城市中心区域与河流毗邻的区域,亦即城市中心临近水体的部分。城市滨河地区往往是滨水城市的发源地,与城市生活最为密切,受人类活动的影响最深,这是与自然或原始形态的滨水区最大的不同。不同于滨湖或者滨海地段,河流的滨水空间特点是狭长、封闭、有明显的内聚性和方向性,由建筑群或绿化带形成连续的、较封闭的侧界面。

流经城市中心区的河流有连续、贯通之特性,连续意味着水体空间的延伸性和延续性,贯通表示了水体所流经空间的多重性和复杂性,以及与所流经区域之间的作用力与反作用力关系。河流是塑造两岸城市空间环境的载体,两岸的城市空间环境反过来又可以影响河流所拥有的空间塑造力的大小,两者是组成城市一个特定区域内滨水区空间的一对相互作用的要素。水体与陆地连续的作用力由于穿越城市的不同区域而呈现不同的表现力。自然状态下,水体与陆地的连续作用力在较大区段内呈现连续、稳定的状态,如水质、物种、驳岸、气候等。而城市中心区域的滨河地区则由于人类活动的介入,这种作用力的状态变得十分活跃,如水质的变化、生态物种的构成、空间的开合甚至温度和湿度的变化等都表现得十分明显①。

4.1.3　历史地段型城市滨河地区的概念

　　城市中心的滨河地区作为城市发展最早的地区,蕴含着丰富的文化底蕴。经过历史的长期发展,有些城市的滨河地区目前仍然拥有一些历史街区、历史建筑、历史遗迹,或者体现场所特征的纪念物。有的甚至存在着比较集中、连片的历史遗存,或能较完整地体现出某一历史时期的风貌和民族地方特色的滨河地区。这些历史遗存或许达不到文物保护的级别,但是从整个历史文化环境来看,却体现着当地传统风貌,具有一定的历史价值和文化价值,是这一地区历史的见证。具有这样历史遗存的滨河地区可以被称作历史地段型城市滨河地区②。

　　参照常规历史地段的选择标准,历史地段型城市滨河地区的确定标准为以下三点③:

　　① 有较完善的历史风貌。有历史典型性和鲜明的特色,能够反映城市水滨的历史风貌,代表城市的传统水滨特色。

　　② 有真实的水滨历史遗存。滨水区的建筑、街道、构筑物、水街等反映历史风貌的物质实体应是历史遗存的原物,不是仿古假造的。由于年代久远,能成片保存至今是十分难得的,其中难免有后代的改动存在,但应该只占少部分,而且风格是统一的。

　　③ 有一定规模,视野所及范围内水滨历史风貌基本一致。之所以强调有一定规模,是因为只有达到一定规模,才能构成一种环境气氛,使人从中得到历史回归的感受④。

68

---

　　① 刘开明.城市线性滨水区空间环境研究——以上海黄浦江和苏州河为例.上海:同济大学,2007:4-5

　　② 栾春凤.城市滨河地区更新的城市设计策略研究.南京:南京林业大学,2009:113-114

　　③ 王志芳,孙鹏.历史地段型滨水区景观保护的内容和处理手法探析.中国园林,2000,16(6):36-39

　　④ 王景慧.历史地段保护的概念和作法.城市规划,1998(3):34-36

4.2 历史地段型城市滨河地区的构成要素

4.2.1 空间要素

（1）功能组成

功能组成直接影响到开发的强度、城市的功能布局、交通流线组织,关系到城市的效率和环境质量。城市滨水区是城市有限的资源,因其水域的天然存在给滨水区空间很高的附加值,所以对它的利用显得更为重要。对于接近城市中心区域的滨水区,其利用的出发点应是有利于强化市中心的经济力量,为市中心拓展其功能提供土地,同时必须考虑市民和旅游者对开放空间的要求。

合理的功能组成应遵循公共性、多样性、延续性、层次性和立体化原则,结合人们的各种活动组织室内外空间,点线面相结合①。一方面要保持并强化滨河地区至今仍有较强生命力的居住生活、商业服务、休闲游憩以及环境生态等传统功能;另一方面在更新过程中还要根据地段个性增加博览、旅游、服务等新的功能。因此正确地把握功能转变是保护更新的基点,土地使用的合理与否是城市设计成败的关键。

（2）交通系统

历史地段型城市滨河地区的交通组织比较复杂,既要考虑滨河地区与整个城市的交通联系,又要考虑滨河地区内部的交通组织。在规划交通系统时,可达性是最重要的一点,即指通过各种交通方式到达滨水区的便捷程度,包括便捷的外部交通和内部交通。

1）外部交通

滨河地区的外部交通是滨河地区能够吸引人流、形成丰富的水滨活动的基本保证,可达性往往以移动时间、距离、便捷程度为标准。增加城市滨河地区的交通可达性,应该尽量避免车行道路(尤其是城市快速干道)割裂城市与水体的联系。穿越滨河地区的交通干道会阻碍其与市区的联系,并打破滨河空间的完整性,大大降低了人们步行前来观光的意愿。目前的发

---

① ［美］L.芒福德.城市发展史——起源、演变和前景.倪文彦,宋俊岭,译.北京:中国建筑工业出版社,1989

展趋势是尽量减少穿越滨河区的主要交通干道对滨河区的影响。而通常做法就是地下化和高架处理,如奥斯陆滨水区项目把繁忙的交通干道用隧道方式穿越用地,而波士顿、波特兰则在多年前就将滨水区高速路建设服从于公园绿地,并重新安排滨水区的交通,达令港则将轻轨线和道路高架跨越滨水区域,但对地面进行了精细的环境设计①。

人车分离固然保证了步行者的安全和舒适性,但在一定程度上也存在降低滨河地区的使用率、影响空间活力的可能。设计中也可以采用人车共存的综合交通模式,保证步行优先的前提下,允许限制速度的车辆通过,步行道适当加宽,提高绿化和室外家具的使用,营造富于变化、舒适宜人的步行空间。

2) 内部交通

滨河地区内拥有各种亲水空间,如滨水步道、亲水平台、广场、绿带等等,它们之间需要用便利的交通联系起来,创造多层次的步行系统,强调亲水活动的安全性、易达性、舒适性、连续性和选择性,减少机动车和非机动车的干扰,保证步行系统的畅通。

3) 鼓励多种交通方式并存

滨河地区处于陆地和水域的交界地带,是陆路交通和水路交通的转换点。滨河地区应鼓励来自不同方向的、多种形式的交通到达方式,以增强滨水区的可达性。陆路方面,可以加强轨道交通、公共交通、车行和步行交通的可达,并整合成立体化的复合交通体系;水路方面则可以发挥城市河流的运输功能,利用原有废弃的运输码头改造成客运码头和游艇码头,形成城市的特色。水上交通应合理设置线路,并考虑其与陆路交通的换乘方式以及换乘节点的设置。例如《巴黎市区塞纳河美化计划》(又称《大塞纳河规划》)中提出为方便观光游客,建地铁 C 线沿河道走向将奥塞博物馆、埃菲尔铁塔和卢浮宫等主要景点串联起来并分别设立站点,根据岸线条件与滨河城市道路等级的不同分别形成几种不同的断面形式(图 4.1)。水上游览主要以"苍蝇船"(Bateaux Mouche)和"水上巴士"为主,站点的设置与城市公交、地

① WILLAMA Mann. Landscape Architecture:An Illustrated History in Timelines, Site Plans and Bingraphy. New York:John Wiley and Sons, Inc. , 1993:57-64

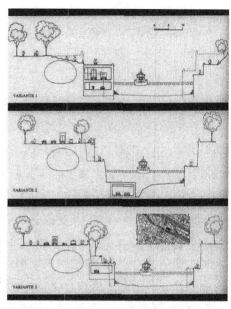

图 4.1 1970 年代西岱岛东岸交通组织的三个方案
资料来源：Agence de Planification Urbaine et Régionale（APUR）

铁站点有机结合。几种交通方式在塞纳河沿岸高度整合，形成多种方式并存的交通系统，为观光游客和城市居民提供了多样化的选择。

（3）开放空间

城市滨河地区开放空间的基本形式可以概括为：水域空间、滨河广场、滨河人行步道、滨河区街道、滨河区绿地公园以及其中的公共设施等。良好的滨河地区开放空间，其基本的特征体现为系统连续性、公共可达性和高品质的环境。

位于曼哈顿岛哈得逊河沿岸开发就是一个较好的实例。这里原来是大面积的铁路工厂区，纽约西线高架快速公路从中穿过，基地中还有许多关闭废弃的码头。该项目的总体规划将通过向西扩建城市道路网和在滨水区建设一个城市公园将城市重新与哈得逊河联系起来，开发项目包括住宅及相关的商业、办公、文化、社区活动设施和开发面积 23 英亩的滨河公园，如何处理穿越基地的西线高架快速公路是该项目设计的一个重要问题。总体规划涉及土地使用、建筑外观、城市设计导则、开放空间的规划和分期实施计划。低层的郊区住宅、形成街道界面的联排公寓和高耸的塔楼组合在一起，形成了这一新区的特色①。

滨河广场作为滨河区的节点空间,不但起着交通集散的作用,而且作为景观空间,为市民休闲生活提供了最好的场所。滨河广场依不同的地形、气候、功能,因地制宜,各具特色。商业性质的滨河广场,具有交通集散、休闲娱乐等综合城市功能,公共建筑主要是商店、餐饮、游船码头和娱乐设施等。广场的面积如果过大,会显得空旷。在有地形变化的地方设置广场,容易形成丰富的景观,而在近水部分,绿化的尺度和密度应减小,避免遮挡通向水面的视线。广场的停车场可用花园围墙、矮灌木等分散成小型停车场,使人从外围看不到大片的停车场。

(4)视线走廊

视线走廊,又称视廊,规定一个空间范围内建筑或构筑物的界线以保证视线的通达,使人与自然或人文景观保持良好的视觉联系,避免优美的景观受到遮挡。人都有亲水的心理,但前提是对水的感知,如果使用者都不知道水在哪里,何谈水对人的吸引。因此要使滨河区域对市民产生吸引力,前提是让人首先有对这一地区的知觉,然后才能产生吸引力。视线走廊起到的就是使城市和滨河地区相关重要节点发生横向联系的作用。

水域景观是城市的公共资源,为了让更多市民感受到并享用到这份资源,就要将水体景观尽可能多地"渗透"到城市纵深腹地。城市滨河地区公共空间的布局虽然形态各异,但基本都是呈线性特征沿河展开,公共空间的视线设计应注意营造城市内景观与滨河区景观的视觉联系通道。因此在历史地段型城市滨河地区的更新设计中,应以现存和未来的观景点为依据,顺应城市街区原有的道路肌理,通过建筑拆迁和改造开辟视觉通廊,将滨河地区的重要地标建筑和景点引入周边地段视野,加强市民对滨河地区的认知,使其对市民产生真正的吸引力。

(5)天际线

历史地段型城市滨河地区景观的天际轮廓线的形成是城市历史不断积累的结果,它是一个动态的过程。同时它也具有层次性,可以分为前景和背景天际线,前景天际线是近水的,因而强调的是水平和舒展的感觉,以避免

① 杨·盖尔.交往与空间.何人可,译.北京:中国建筑工业出版社,1992

对沿岸的人群造成压迫感,同时要保持适宜的尺度和亲切性,注重沿岸植被和水景的相互协调。背景天际线可以根据具体的环境做竖向的构图,在体量和尺度上突出挺拔和宏伟的气势①。因此在更新设计中,要重视滨水建筑立面"表层""背景"天际线,此外还要重视垂直于岸线的纵深方向上的建筑轮廓线的"层次性"。

为了形成丰富变化的天际轮廓线,建筑群强调疏密相间和高低错落的韵律变化。建筑物可以向水面逐渐跌落,保证高层建筑与城河岸线有适当的距离,提供更多的观景面。同时新建建筑不仅要处理好与原有建筑风格的协调关系,还应改观滨河空间的景观形态,起到丰富城市空间和完善沿河景观轮廓线的作用。此外,建筑之间的适当距离、建筑物横竖线条的对比、生动的屋面造型也都是必要的。尤其是屋顶的形式,包括屋顶的体块处理、建筑风格与色彩、建筑与广告、设备的整体关系等等,都应统一加以考虑,保证滨河建筑的形式和尺度要与水系的形式与尺度相协调。有些造型独特或者具有标志性的建筑还可以起到统领整个天际线的作用。

4.2.2 景观要素

(1) 建、构筑物

城市的整体风貌可以反映出这座城市的地方特色和文化底蕴,可以通过城市的布局、建筑风格等等表现出来,历史地段型城市滨河地区是城市发展最早的地区,往往蕴含着丰富的文化资源。在滨河地区的历史发展中,人类对滨河地区的不同利用方式,即滨河地区的不同功能决定了临水建、构筑物形成不同的历史用途和各具特色的外在形式。例如具有生活功能的水滨常有临水民居、水上人家、私家园林、井台、石埠头等,具有生产功能的水滨常有仓库、厂房、磨坊、水坝、发电站、水车、灌渠等,其他功能的滨河区也都有相应的人工景观要素与之对应②。因此,建、构筑物便是其中最能展示滨水风貌,极具印象性的元素之一,通常会给游客留下深刻印象和感知。很多标志性建筑物,无论是古代建筑还是现代建筑,在美学上和空间上都具有较

---

① 卞素萍. 城市滨水区空间环境更新研究. 南京:南京工业大学,2005

② EDWARD Relph. The Modern Urban Landscape, Baltimore: The Johns Hopkins University Press, 1987: 11-17

高的价值。

但随着历史建筑功能的衰退和利用率的降低,大量建筑失去了原有的生机,对历史建筑进行创造性的保护,可以唤起人们对历史和乡土文化的热爱,激发强烈的认同感,同时也为旅游业的发展提供了契机。对于具有较高历史文化价值的建筑或构筑物,应采取整体原样保留的方式,完全按照建筑原有风貌和布局加以整体保留。对于具有一般历史文化价值的建筑物则可以在保留和恢复外立面的同时,改变内部空间结构以满足现代功能需要。而对于新建建筑,则力求保持与原有滨水空间的格局和尺度相一致,体现完整的空间肌理。

城市滨河地区的建、构筑物是划定滨水线性空间的边界,同时也是历史文脉的承载物,应得到完好的保护。同时,根据现代人的生活方式和行为特征,适当置换原有建筑功能和改变建筑空间,如将底层开放,可以更好地改善环境并增加建、构筑物与自然环境的融合。

(2) 码头设施

由于历史地段型城市滨河地区原来往往是城市旧的工业、仓储和码头区域,因此大都存在相当数量的工业民用码头、渡头、船坞等设施。在更新设计中应保留这些"历史遗存"并对这些设施进行改造和再利用,既可作为历史和生活的延续,又是结合现状的有效利用。在新的时代背景下,历史地段型城市滨河地区被赋予很多新的功能,如休憩、娱乐、游览等。实现这些功能有时也需要在滨河岸线布置一些游船码头、联系河道两侧的渡头等,此时可以对旧的码头设施进行更新改造,使其适应新的功能需求,使滨河旧区保持鲜明的特色。

(3) 滨河步道

所谓滨河步道是与岸线相关的步行交通体系的简称。一般来说,滨河步道应以系统性、连续性和立体化为原则,这几方面是相辅相成的。系统性在于滨河步道不仅仅是沿河岸的一条步行路,而是一个交通体系,连接沿河公共空间和滨河绿地。例如1980年代以来随着市民休闲时间的普遍增加,巴黎新增了许多大型绿地,其中包括塞纳河沿岸著名的贝西公园和雪铁龙公园。1997年巴黎市长提伯利建议修建一条长达12公里的连续休闲步道,连接两大公园之间的公共空间(图4.2),以促进堤岸整修和沿岸公共空间的

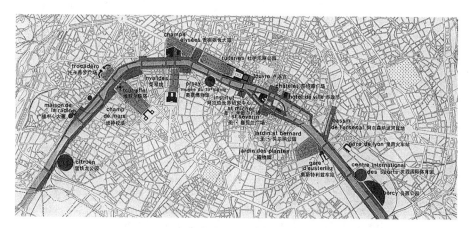

图 4.2　两大公园之间的塞纳河沿岸是巴黎重要的亲水公共空间
资料来源：Agence de Planification Urbaine et Régionale（APUR）

整合。沿岸线的步道还需要有通向岸线的步行系统的支撑，以真正让居民方便地到达河滨地带。连续性在于滨河步道在体系上需要具有连续的特征，而不宜被其他交通元素打断，特别是在沿岸线的一侧，这种连续性更应该尽可能得到保证。例如在遇到桥梁等机动车交通元素的时候做出分层处理，而不是在一个平面上相交，这也是立体化原则的一种体现。此外，立体化还体现在滨河步道并非局限在一个平面上布置，而可以在空间层次上有所突破，给人丰富多变的空间感受。

（4）桥梁

城市中的桥梁和建筑一样，都是具有明显几何形状的人工产物。由于人类早期的部落多是滨水而建，所以桥梁自古以来就是人类社会中不可或缺的一种建筑空间。桥梁除了可以解决交通问题，还可以具有防御性功能、纪念性功能、商业性功能和游览性功能等等[1]。如意大利佛罗伦萨的维奇奥桥（Ponte Vecchio）就是商业廊桥的经典，桥梁两侧密布着百年金店，吸引着来自世界各地的游客前来参观和购物，桥梁不仅是联系两岸的纽带，还是城市中最具特色的商业空间（图 4.3）。在历史地段型城市滨河地区常常存在许多古老的桥梁，它们具有宝贵的历史文化价值，是整个滨河地区重要的组

75

---

① 戴志中，郑圣峰. 城市桥空间. 南京：东南大学出版社，2003：10

图 4.3   佛罗伦萨维奇奥桥

成部分,或者已经成为滨河地区的标志性景观。

　　保存至今的古桥梁大多经过多次的修复和改造,它们身上的任何痕迹都见证着历史的发展。在现代景观设计中,我们利用现代的技术手段保证古桥梁的安全性和美学特性,在修复或重建时要严格按照历史资料记载,尽量恢复其原始风貌。

　　此外,桥梁往往具有很高的美学价值,既可以是重要的观景点,本身又作为重要的被观赏景点。由于桥梁特有的连接河道两岸的功能,它占有扼要的位置,有时为了河道通航的需要,桥梁的地面标高会相对高出河道两岸地区,因此它是观赏两岸风貌的绝佳地点。而且桥梁设计也使得桥梁本身成为一道亮丽的风景,传统的桥梁记载了城市的历史,凝聚着时间的沧桑,现代的桥梁则体现了现代的美感以及科技的进步。因此,要提供人们最好的观赏角度去欣赏它们的风貌,同时只有保证桥梁与周围环境的良好融合才能使人们更加深刻地体会到景观的意境。

　　(5) 驳岸

　　滨河地区是陆地和河道水体的交界,因此驳岸既是陆地的边缘,又是河道的边界,它是滨水景观各种要素中最基本的要素之一,是滨水景观的构架,对滨水景观的整体效果有很大的影响。驳岸的形式、形态为人们提供了不同的滨水活动场所,同时也成为人们观赏景观的重要视点。

　　驳岸设计中首先要满足防洪防汛功能的要求,但是这并不意味着只能

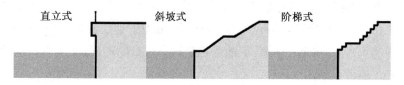

图 4.4 护岸的三种断面形式

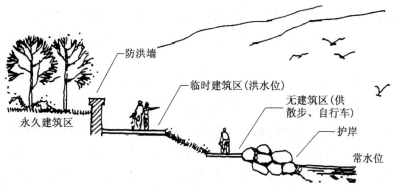

图 4.5 立体化的驳岸

资料来源:廖琦.城市线性滨水区公共空间设计研究——以克拉玛依河为例.天津:天津大学,2009:40

采用直立生硬的钢筋混凝土护岸来进行拦截,首先,可以从生态学角度出发,利用种植植被等方式保持滨水区域的水陆生态平衡,形成生态护岸。其次,可以利用丰富的竖向变化和不同形式的亲水空间拉近人和水之间的关系,如采用阶梯式的护岸形式或跌落的亲水平台(图 4.4),在满足防洪要求的同时也能满足人们的亲水需求。在驳岸设计时应尽可能结合滨河步道做立体化的断面处理,使得滨河岸线呈现出丰富的层次感和立体感。

在历史地段型城市滨河地区,驳岸作为整个景观中的构架,根据地方特色的不同而具有不同的形式,烘托和协调了整个滨水区的氛围。因此,在更新改造过程中,在满足防洪防汛要求的前提下,要尽量保护传统驳岸的风貌和空间特征,在需要进行修复和更新的情况下,采用的材料要与当地的风土相协调,同时护岸的尺度要与整体景观相融合(图 4.5)。

4.2.3 自然要素

自然要素即指生物文化资源,是同历史文化景观相关联的植物或动物群落。历史地段型滨河地区内生物文化资源包括古树名木、本土植被（如荷花、睡莲、芦苇、垂柳等）、特色植物（如市花、市树、地方名花、具有象征意义的植物等）、花园、果园、林地、草地及其他具有生命的资源，如水鸟、鱼类等。

（1）植被系统

在城市河滨的建设中，植物往往起着重要的作用，它既是构成景观的基础，又是发挥滨水区生态效益的决定因素，此外，它还具有提供户外游憩场所的功能。在历史地段型城市滨河地区中，植物景观还起到烘托历史氛围的重要作用。因此，我们要利用合理的植物配置来发挥植物最大的生态效益。

植物种类应尽量选择当地树种，这样有利于保护滨水区内部的生物多样性。保护具有重要历史文化价值的植被，如古树名木、特色植物等，其中对湿地、原有的水生环境、地形等也要加以保护。要保证当地景观群落的自然演替不受干扰，任其健康自然生长。对于破坏整体环境氛围，或其生长对于其他人文景观的结构或外形产生不利影响的植被，要选择其他合适的植被进行替换[①]。

滨河地区一般地形狭长，呈带状分布，植物景观在空间上具有连续性，因此在规划中要避免过于统一产生呆板单调的感觉，应该在统一中求变化，利用具有不同外貌的植物群落，在风格一致的基础上形成富于变化的、协调的滨水绿带。滨水植物还可以结合水岸地形，采用高低不同的植物群落构成丰富的韵律感和林冠线，或者通过色彩的对比和季相变化丰富岸线景观。

（2）动物群落

城市中的生物文化资源是城市宝贵的自然资源，尤其是城市滨河地区因其独特的地理位置，往往拥有独特的、不可替代的生物文化资源。随着现代生活生产方式的改变，这些资源变得非常敏感、脆弱，有些甚至已经消失，因此应当成为保护的重点，引起社会各界的重视。

城市滨水区不仅属于人类，也属于滨水而栖的动物，对于水鸟、鱼类等动物群落，要保护它们的珍稀性和多样性，创造良好的生态环境和历史文化特色氛围。在历史地段型城市滨河地区的改造更新中应保持动物栖居的必

---

① 郭春华，李宏彬. 滨水植物景观建设初探. 中国园林，2005(4)：59-62

要生态环境,保护生态资源,开辟生态廊道。

4.2.4 人文要素

人文要素即指社会文化活动,是历史地段型城市滨河地区区别于其他类型的滨河地区最显著的特征。城市中心滨河地区经历漫长的历史积淀,常常拥有带有各自民族色彩或宗教色彩的传统民间活动,临水居民由于与水接近,在民俗性、社会结构、宗教信仰等方面都有独特之处,加之一些与水相关的神话传说与历史典故,从而产生了滨水区的独特文化传统和习俗。因此在更新设计中也就需要为当地的居民创造出精神认同感和归属感。一般情况下,历史地段型城市滨河地区的社会文化活动类型大致可以分为民俗活动和休闲活动两大类。

(1)民俗活动

民俗活动主要包括滨水区当地的传统活动、纪念庆典活动以及一些季节性活动。这类滨水活动往往可以作为滨水区的标志性活动,如上海苏州河上一年一度的赛龙舟,是中国古代劳动人民在生产劳动过程中逐步形成的一种土生土长的民族传统文化,与西方国家赛艇、皮划艇等划船运动有明显的区别。

(2)休闲活动

休闲活动主要包括休闲散步、观景、运动、家庭聚会等市民活动,是指主要以健康、缓解心情、约会等为目的的滨水活动方式,这类活动要求滨水区具有良好的休憩环境,如滨水步道、林荫路等等。此外不同于湖泊与海洋等大型水体,城市滨河地区的水体表现出亲近性、流动性和相对安全性等特点,从而使得滨水公共空间更具有活力[1],因此各种滨水活动应当成为保护的重点,主要包括捕鱼、戏水等活动,滨水区应该在规划时预留出这类空间给人们创造更多的亲水机会。

这些活动按其频率一般又可分为长时性活动和临时性活动。例如柏林施普雷媒体(Media Spree)地区改造时通过餐饮、休闲、文化、公园和替代型居住[2]

---

[1] 刘滨谊,周江. 论景观水系整治中的护岸规划设计. 中国园林,2004,20(3):49-52

[2] 替代型居住功能主要是指位于非住宅用地中简易搭建而成的居住形式,如基地内的"小车之家"(Schwarzer Kanal),就是将停在空地上的房车作为自己的寓所。

等过渡功能①,为街区带来餐饮、体育休闲、文化艺术、休憩等多样化的活动。其中,酒吧、俱乐部定期举办的酒会、演出等属长时性活动,如 Club der Visionare 等餐厅每天的固定营业、亚姆(Yaam)沙滩每晚的音乐演出及每个周末开放的沙滩游乐场、Bar 25 每周举办的演出,还有像 Fuhrpark 这样全年开放的公园,每天都能吸引到一定的休闲人流等(图 4.6)。而临时性活动包括不定期举办的演出、展览、民俗活动等,如奥伯鲍姆(Oberbaum)桥上每年夏天举行的"两岸水仗"②。虽然这些事件的频率低,但强度却很高,常常会吸引几百甚至上千人前来参加,往往也能刺激区域内的其他经济活动,增加活动的复合度。

建在河上的 Badeschiff 泳池

以车泊入场地作为替代型的居住建筑

建在水上的餐厅

建在水上的少年体育俱乐部

---

① "过渡功能"(德语 Zwischennutzung,英语 temporay use)在文学上尚未得出统一的定义,在柏林城市建设的实际操作中一般指对闲置地块的临时性使用。与土地拥有者的协商后,通常只需支付使用成本或很低的租金,有些甚至不需租金。"过渡功能"不是一个新的社会现象,它与"创意产业"有一定交集,近年来在欧洲城市发展中日趋兴盛,且渐趋多样化,成为城市发展中越来越重要的组成部分。
② 自 1999 年开始的每个夏季,施普雷(Spree)河两岸的居民都会相约来到桥上,互掷蔬菜和鸡蛋,以纪念和再现两岸互相竞争的传统。

用简易结构在建筑间空地建成的亚姆沙滩酒吧　　亚姆在周末下午举办的沙滩排球赛

夏天的"浴船"　　　　　　　　　　冬天的"浴船"变成室内酒吧和泳池

图 4.6　柏林 Media Spree 地区滨水活动

资料来源:黄正骊,莫天伟. 柏林 Media Spree 滨河区域的复兴. 城市建筑,2010(2)

4.3　历史地段型城市滨河地区的特征

4.3.1　空间属性

　　城市中有各种空间,每种空间都有其区别于其他空间的特质,这种特质便形成了场所风格,进而在人的头脑中产生了一种意象。城市意象具有两层递进的含义,其一是指人们的潜意识中对城市的感觉和印象,此时的城市意象类似于城市的空间形态或视觉景观。其二则是指公众普遍认同的具有城市自身发展脉络痕迹的特征和特色①。

　　凯文·林奇认为,形成城市意象的元素主要包括五方面:道路、边界、区

_____

　　① 李永春. 我国城市滨河旧区景观规划设计与更新研究——以珠江沿岸景观规划设计实践为例. 上海:同济大学,2008:59

域、节点和标志物①。而历史地段型城市滨河地区恰恰包含了全部这五种元素:道路起到保持原有街道形态和格局的作用,同时联系水与陆的关系,形成自然的过渡,滨河地区环境要素沿道路展开,使道路成为人们感受滨河环境的主导元素;滨河地区本身就是城市与河流交汇的边界空间,因此这一区域是城市空间中最具活力的空间,合理的、生态化的驳岸设计有助于柔化城市与河流的边界,促进自然与人工景观的交融;历史地段型城市滨河地区由于具有丰富的历史内涵和较强的可识别性,从而形成自己独特的城市意象来吸引游人,从心理上给人以"进入"的感觉;节点往往处在道路交叉点或某些特征的集中点,具有"连接"和"集中"两种特征,历史地段型城市滨河地区常见的节点多位于道路的交汇处、河流的交汇处或道路和河流的交汇处以及桥头空间等,利用这些集中场所来表达特定历史含义的景观,给人以特殊和深刻的印象;标志物往往在某些方面具有唯一性,它有清晰的形式,要么与背景形成对比,要么占据突出的空间位置,很容易被识别,历史地段型城市滨河地区中的部分历史遗留下来的具有独特造型的构筑物或建筑常常成为代表性标志物。

　　滨河地区是构成城市公共开放空间的重要组成部分,并且是公共开放空间中兼具自然景观和人工景观的区域。它往往具有历史空间形态、城市标志物、城市重要节点空间等能够体现地区风貌和城市特色的要素。而在整个城市大的空间中,历史地段型城市滨河地区的水域形态、交通空间、地形起伏也是构成城市骨骼框架的要素。由此可见,滨河地区在城市空间中占有举足轻重的地位。

4.3.2　景观属性

　　城市中的水体,除实用功能、生态价值之外,还是城市景观组织中最富有生气的元素之一。水的声、光、影、色是最动人的景观素材。都市中的涓涓细流或是江河湖泊都是最普通、最活跃、最有穿透力的风景资源。从城市的构成来看,城市滨河地区是构成城市公共开放空间的重要部分,并且是城市开放空间中兼具自然景观和人文景观的区域。

---

① 凯文·林奇.城市意象.方益萍,何晓军,译.北京:华夏出版社,2001.47-52

滨河城市的空间景观环境特色是构成城市空间形态的主要因素之一。滨河城市的发展过程是顺应自然环境要求的,城市与河流、山体、植被等有着良好的融合。这些区别于其他城市的特征,成为体现滨河城市空间景观环境特色的重要表征,如苏州和威尼斯典型的水网特点,江苏常熟的"十里青山半入城"等。在滨河地区更新设计中,发掘景观环境对城市的人文价值,把自然环境组织到滨河区更新设计的景观系统中,是达到更新设计的人文方法的重要手段。

城市中的实体环境除了自然环境以外,还有人工建成环境。所谓建成环境是指城市中非自然形成的人造环境,由城市中的城垣、道路、桥梁、建筑物、构筑物以及景观小品等构成。城市作为一个不断生长更新的有机体,除了受到自然环境的影响,与人工建成环境的关系则更为密切。传统城市滨水区的建成环境在地理位置、交通方式、营建技术以及生产生活方式的影响下形成了建成区细密、均质的空间肌理,同时与滨水空间的整体空阔形成了鲜明对比。建成环境的背后隐藏着空间的秩序和意义,深入发掘其中还隐藏着的人的生活方式和社会关系,是对建成环境的尊重,亦是延续滨水区文脉和肌理的人文方法的有效途径。

4.3.3 自然属性

城市滨河空间为久居闹市的人们提供了一片开敞的水面、绿地,一方明净的天空,使人们能够摆脱都市的喧嚣,感受大自然的气息,获得人工环境难以给予的空灵与宁静。滨河地区微气候环境与城市"内陆"地区有着较大差异,绿地与水面对城市微气候起着巨大的调节作用。由于地面、水面蓄热、散热系数不一致,滨河地区在昼夜因水陆升降温速度不一,形成空气流动,流动的空气使滨河区空气经常保持清新。水滨地带地势开阔,大自然风霜雨雪的脉动,在这里表现得十分明显,它可以给人从视觉到触觉的全息感受①。

同时,历史地段型城市滨河地区作为有丰富历史积淀的城市中心区户外休闲活动的场所,既有别于纯粹的人工场所,又有别于荒洪蛮野的纯粹自

83

---

① 刘滨谊. 现代景观规划设计. 第3版. 南京:东南大学出版社,2010:45-54

然场所,它是被驯化的自然环境,又是保有自然造化的人工环境。它是城市中最复杂的生态地段,同时也是最为敏感和脆弱的生态区域之一。过度索取必然导致水文、滨水边缘地形构造、岸线的稳定及沿岸植被和海洋生物的栖息环境发生改变,以致降低水体的自净能力。历史地段型城市滨河地区的城市性与自然性之间存在着一个微妙的平衡。二者相互冲突而又相互依存,城市化过度,会使自然属性遭到破坏,而丧失地理资源优势;片面的自然保护又会使城市功能与水岸环境相互剥离,使水岸环境丧失活力。可见二重性向任何方向失衡,都会降低滨河地区的环境质量。

4.3.4 人文属性

水具有心理媒介的作用,它不仅给人们带来丰富的感官信息,而且通过其蕴含的历史文化信息来塑造景观空间,渲染环境氛围,诱发人们的联想,陶冶情操,激发情感。通过滨水环境所体现的人们精神生活的结晶即人文环境特色,涵盖了居民的社会生活、习俗、生活情趣、文化艺术等方方面面。居民的风俗习惯、宗教信仰和生活方式是历史地段型城市滨河地区保持"原汁原味"的关键因素之一。随着时间的推移,历史地段型城市滨河地区环境的每个部分都在某种程度上带有当地居民的特点和品格,浸染了当地居民的情感。在保护和更新历史景观的同时保证历史地段型城市滨河地区时空上的连续性,可以维系人们的情感,使人们迸发出强烈的亲和力和感染力,增强归属感,激发对历史和乡土文化的热爱。

城市是一个不断新陈代谢、有生命的机体。传统城市本身由于其发展的历史和规律,多具有极其丰富的历史文化积淀,历史地段型城市滨河地区又常常是这类城市中发展最早的区域,最具有多元化特征。这一地区拥有众多的历史人文景观,蕴含着丰富的历史文化的痕迹。在更新设计中为居民的生活风俗创造相适应的空间环境,有助于延续当地历史文脉,延续其独特的人文环境特色,创造出与当地历史文脉相契合的新的滨河人居环境。

4.4 历史地段型城市滨河地区保护更新的原则

4.4.1 整体性

"整体设计"的思想把城市公共空间看作环境的主要"发生器"(generati-

or，Team X 最先提出），历史地段型城市滨河地区的"整体性"原则意味着更新设计必须将单体设计、城市设计、市政设计乃至防洪防汛设计看作一个整体，而不是割裂它们①。只有在这种整合的统筹下，历史地段型城市滨河地区的更新设计才可能使城市活力得到复兴。历史地段型城市滨河地区的"整体性"原则主要体现在两方面——"连续性"和"立体化"。

"连续性"一方面是指建筑内外空间的连续使滨河地区成为一个整体，另一方面是针对滨河的特征——岸线和景观视廊的连续。罗伯特·文丘里曾指出："建筑就产生于功能与空间要求的室内与室外交接之处。"建筑实体本身既是建筑的外壳和表皮，又作为城市空间的"内壁"，建筑内部空间与城市空间通过这一中介成为一个整体正是城市设计的意义所在。把握这种内外空间的"连续性"促使我们将历史地段型城市滨河地区的更新设计看作一个整体来考虑，而不仅仅将它们看成割裂的一栋栋建筑和一个个公共空间。另一方面，河道连同两侧的城市空间形成了一个连续开放的整体，这种连续性既体现为岸线方向上的延续，又体现为从街区内部到达岸线以及两岸之间的空间连续性。滨河两侧地带要有连续的岸线系统，主要是公共空间步行系统，中间不宜阻断；对于远离河岸的街区内部和滨河岸线的关系要保证通畅的景观视廊和方便的可达性；河道两岸之间既要有作为实体的水体、桥梁等连接，也要有空间形态上的"虚体"的连续呼应。

"立体化"原则作为实现"整体性"的一个重要方面，遵循过程中与"连续性"原则相协调。既然历史地段型城市滨河地区更新设计的空间目标是实现整个地区的建筑和空间的整体性，那么建筑单体和各空间之间就不仅仅是平面上的联系，而通过地下、地面以及水面、水下做立体化的连接。建筑和广场的地下应进行整体的规划设计，并提供良好的公共设施；建筑单体之间通过廊道在空中连成系统；作为对"连续性"的协调，跨越河道的桥梁在和滨河岸线的连续步行系统交叉的时候考虑立体交叉的处理，保证滨河步道的连续性；河道之间除通过桥梁连接外，还可通过水下通道以及轮渡等柔性连接体现综合的手段。

① 莫修权.滨河旧区更新设计——以漕运为切入点的人文理念探索.北京:清华大学,2003:132-133

85

历史地段型城市滨河地区的保护更新设计面临错综复杂的矛盾,这就要求设计必须坚持"整体性"原则,以综合的视角去处理各种矛盾,以全面的眼光去协调各种关系,以期达到理想的效果①。遵循"连续性"和"立体化"的设计方法,并注重两者之间的相互配合协调,可以使历史地段型城市滨河地区的更新设计比较全面地实现"整体性"的原则。

4.4.2 多样性

在自然生态系统中,生物越是多样,系统就会越稳定。因为这样一来,能级关系将会变得复杂,生态链将会增多,在系统遭到破坏时,自我调节、自我平衡、自我恢复的能力就会越强。因此,在自然生态系统中,"多样性"会产生"稳定性"。"多样性"对于城市系统也非常重要,单调划一的事物对人的感官来说没有更多的新鲜刺激,而使人产生厌烦感,这是人的机体保护自我的本能反应。只有内容与形式丰富的事物,才能不断地引起人的兴趣。城市本身聚集各种各样的人,彼此的爱好、兴趣不尽相同,"多样性"有助于社会的平衡。雅各布斯曾在《美国大城市的死与生》一书中指出:"城市作为人类聚居的产物,成千上万的人聚集在城市中,而这些人的兴趣、能力、需求、财富甚至口味又都千差万别,他们之间相互关联同时又不断地相互适应,结果产生了错综复杂并且相互支持的城市功用,并形成了富有情趣的丰富多彩的城市空间。"②雅各布斯称这种"复杂性"为城市的"多样性",并称"多样性是大城市的天性"。

一个历史悠久、历史环境保护得较好的城市有助于表达城市"多样性"的特征。刘易斯·芒福德指出:"城市是时间的产物,在城市中,时间变成了可见的东西,时间结构上的多样性使城市部分避免了当前的单一刻板管理以及仅仅重复过去的一种韵律而导致的未来的单调。通过时间和空间的复杂融合,城市生活就像劳动分工一样具有了交响曲的特征:各色各样的人才,各色各样的乐器,形成了宏伟的效果,无论在音量上还是音色上都是任

---

① 宋言奇.论城市历史环境的保护设计.北京:中国社会科学院,2003:35-36

② JANE Jacobs. The Death and Life of Great American Cities. New York: Random House, 1961:161

何单一乐器无法实现的。"①1976年11月,《内罗毕建议》中也充分肯定了历史环境对城市"多样化"的贡献,建议指出:"历史的或传统的建筑群在经历了长久的岁月之后构成了人类文化、宗教和社会的,创造性、丰富性、多样性的最确切的见证,它们形成了人们日常生活环境的一部分,向人们生动地展示了产生它们的那个过去的时代,因此,保护它们并把它们纳入现代社会的生活环境之中是城市规划与国土整治的一个基本因素。"②

历史地段型城市滨河地区的保护更新必须坚持"多样性"的原则,在更新的同时保护城市历史环境。首先,要以"多样性"的方法来显示和保护城市的历史环境。历史建筑、历史地段以及城市的整体历史风貌,各自应采取不同的保护更新方法,而不能拘泥于单一的、固定的模式。设计方法要因地制宜,因时制宜。设计方法是为保护历史环境服务的,要达到这个目的,各种方法都是殊途同归,因此应当灵活处理。其次,要用设计体现出历史环境的"多样性",历史环境本身是多样的,设计应当反映出这一特点来。在不同城市之间,一个城市在设计其历史环境中,要突出其自身不同于其他城市的历史特色来。在一个城市内部,在可能的情况下,通过设计的手段,尽可能地对城市历史的不同剖面都有所反映③。

4.4.3　动态性

城市的整体性、复杂性与系统性要求滨河地区的保护更新必须坚持"动态性"原则。任何一个系统都是一个"活系统",无时不处在演变、进化之中,城市系统也是如此。城市本身处于不断演进之中,在城市中,经济、文化、社会、生态等因素不断耦合,并反映在城市整体环境之中。同时,建构起来的整体环境又会在一定程度上影响城市的经济、文化、生态过程,使城市自身不断进化。这个进化过程是漫长而复杂的,它总是经历一个各子系统的适应—不适应—再适应的无限循环过程。在城市中,平衡是相对的,而不平衡是绝对的。

历史地段型城市滨河地区的保护更新,不应只着眼于塑造城市形象,而

87

---

① 刘易斯·芒福德. 城市发展史. 倪文彦,宋俊岭,译. 北京:中国建筑工业出版社,1989:412
② 国家文物局法制处. 国际保护文化遗产法律文件选编. 北京:紫禁城出版社,1993:104
③ 宋言奇. 论城市历史环境的保护设计. 北京:中国社会科学院,2003:37-38

且也应着眼于城市连续的变化，因此应当使整个设计过程具有一定的自由度与弹性。正如J.巴奈特(Jonathan Barnett)所说的那样："都市设计并不是预先勾勒出20年后的发展，而是日常工作点点滴滴积累的结果。真正的城市设计应考虑到城市始终处于一个连续变化的过程，应当使设计具有更大的自由度与弹性，而不是建立完美的终极环境，城市设计最终不是以描述城市未来为终极目的，不能把它看作是一个产品的创造。它不是一个目标取向，而是一个过程取向与目标取向的结合。"①同理，历史地段型城市滨河地区的保护更新设计更是如此，它必须与城市的发展相结合，必须适应不断进化的城市空间和文化。

历史地段型城市滨河地区的保护更新设计"动态性"原则的另一层含义，即可持续发展的意义。历史环境是一种文化资源，我们在历史地段型城市滨河地区的保护更新中，必须坚持可持续发展原则，实现代际公平。我们有责任把城市历史文化的精髓传给子孙后代，不应剥夺子孙后代参与设计的权利。同时，我们这一代人的成果也有部分作为历史环境留给后人。这一切，决定了我们在设计时，必须坚持"动态性"原则，循序渐进。条件不允许或技术能力达不到的情况下，宁可先搁置，也不能贸然行事，以免造成不可逆的后果，使后代人的利益遭到损害。

4.4.4 生态性

1970年代，美国著名景观规划师麦克哈格提出了"设计结合自然"的理论，该理论认为，大多数的规划技术都是用来征服自然的，而自然环境的破坏将对生态体系造成干扰。他认为设计应该与自然相结合而不是与自然相对抗，即"最少的力气去适应"②。他首次把生态学思想运用在城市设计实践上。该理论在城市空间设计与自然环境的结合方面为水空间的利用建立了一个新的基准，涉及很多关于处理流经城市的河流水系的构想措施，例如：保留河谷两岸的自然地形；水陆交界处应发展为天然门户；配合支流水系与其延伸的公园绿地深入城市各生活圈内；洪水线外适度发展可利用的绿地广场；开展科学化的水土保持与绿化植被等。

① J.巴奈特.都市设计概论.庄建德,译.台北:尚林出版社,1984:84
② 栾春凤.城市滨河地区更新的城市设计策略研究.南京:南京林业大学,2009:93

城市滨河地区处于水陆交接的地带,它与周围的自然环境有更多、更充分的衔接之处。在这里,水生、陆生生物品种繁多,呈现出生态的多样性。然而,城市滨河地区是城市中自然因素最为密集、自然过程最为丰富的地域,同时这里受人类活动与城市的干扰又非常严重。当城市中人工因素对城市中自然要素的影响超过一定的限度,就会妨碍自然要素生态功能的正常运作。

历史地段型城市滨河地区是一个自然环境与历史环境的统一体。一位美国历史保护学者曾指出:"历史环境与自然环境是同一枚硬币的不同的两个面"①,它们共同构成互为依存、互相衬托的图底关系。历史地段型城市滨河地区不仅含有丰富的历史文化信息,更是一个多元的人工生态系统,一个自组织、自调节的生态系统。滨水区的土壤、水体、植被、动物等自然生态因子以及促进滨水生态平衡的方式,都应当作为城市设计的重要内容。城市更新设计应以生态学原理做指导,强调生态优先的原则,协调好人与滨水自然环境、人与滨水人工环境、滨水自然景观与滨水人工景观、历史环境与生态环境的关系。在其更新设计中应尽可能结合自然过程,恢复并保持城市河流生态系统的完整性,使城市的发展、人类的生活与自然过程相协调。

本章小结

历史地段型城市滨河地区是城市中富有历史文化价值的线性滨水空间,其主要特征由空间、景观、自然、人文四大类要素构成,相应地呈现出四种属性。针对历史地段型城市滨河地区的保护更新应当以保持和发扬其特征为核心,遵循整体性、多样性、动态性和生态性的原则,从而在更新过程中既能满足现代滨水景观的功能需求,又能保护和传承城市历史文脉,塑造有特色的城市滨水景观。

---

① 张松.历史城镇保护的目的与方法初探——以世界文化遗产平遥古城为例.城市规划,1999 (7):50-53

第 5 章　都灵波河公共空间保护更新案例研究

　　本章首先简要介绍都灵城市、地理位置以及城市建设的三个历史阶段,旨在探讨都灵城市布局的形成与流经城市的河流之间的密切关系。其次从城市中心滨河地区节选三个有代表性的区域,维托里奥广场(Vittorio Venento Piazza)、瓦伦蒂诺公园(Valentino Park)和穆拉兹河堤(Muraz River Enboukment)(图 5.1),分别代表城市滨水广场、滨水线性空间和城市滨水绿地三种空间类型,在详尽的历史背景资料的基础上,从技术路线层面深入研究各区域保护更新的具体策略,并从组织管理层面深入探讨保障策略顺利实施的条件。

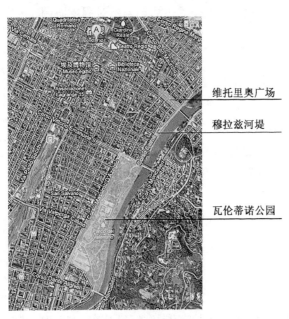

维托里奥广场

穆拉兹河堤

瓦伦蒂诺公园

图 5.1　都灵滨河地区分段示意

5.1 都灵城市简介

5.1.1 简介

据历史记载,大约公元前4世纪左右凯尔特人和力久利亚人就在这片河流众多、气候适宜的地方定居,公元前1世纪和公元1世纪早期古罗马人在这里建造奥古斯塔多灵城(Augusta Taurinorum),形成了都灵真正的城市雏形。在罗马帝国时代几个世纪里,都灵逐渐发展,并慢慢成为阿尔卑斯山脚下的交通要道。随着罗马时代的终结,都灵先后被伦巴第人攻克,又于773年被法兰克族的查理曼大帝占领①。直到1563年,都灵成为菲利贝托(Emmanuel Philiberto)统治下的萨沃伊(Savoy)公国的首都,而后在1706年都灵之战结束后,成为萨沃伊家族统治下的撒丁王国的首都,并最终在1861年被确立为意大利统一后的第一个首都,成为整个意大利的政治和经济中心,这一时期给都灵带来极大的繁荣。随着首都先后迁移至佛罗伦萨和罗马,都灵失去了它的政治和经济地位②,但是都灵城市的发展并没有减慢,反而开始了快速的城市化进程。文艺复兴以后,意大利的艺术发展在都灵也得到了很好的体现,1902年和1911年两次在都灵举办的被认为新艺术运动发展顶峰的世界博览会为都灵的新艺术带来了无限活力③。同时,在第二次科技革命以后,都灵的工业化发展日新月异,都灵的城市也得到了极大的发展,人口增多,社会繁荣。大型汽车制造企业菲亚特(Fiat)和蓝旗亚(Lancia)分别于1899年和1906年成立④,最终奠定了都灵作为意大利重工业城市的地位。随着20世纪上半叶汽车工业的发达,都灵成为意大利的"汽车之都"⑤。鉴于都灵市重工业城市的定位,第二次世界大战期间,都灵饱经战火,满目疮痍,整座城市几乎被夷为平地。第二次世界大战结束后,都灵

---

①② CAPELLINI Lorenzo, COMOLI Vera, OLMO Carlo. Turin. Torino:Allemandi, 2000:15-16,11-12

③ DAMERI Annalisa. Le exposizioni al Valentino:il parco e le sponde// CORNAGLIA Paolo, LUPO Maria Giovanni, POLETTO Sandra. Paesaggi Fluviali e Verde Urbano:Torino e l'Europa tra Ottocento e Novecento. Torino:Celid, 2008:95-102

④⑤ ZAMAGNI Vera. The Economic History of Italy 1860—1990. Oxford:Oxford University Press, 1998

得到了迅速的重建,1950—1960 年代间,其工业基地的迅速发展,吸引了成千上万来自意大利南部的移民,城市规模不断扩大,在 1960 年都灵人口达到了 100 万,并于 1971 年到达顶峰,接近 120 万。汽车制造业在 1970—1980 年代经历危机,随后 30 年内人口数量也衰减到不足之前的四分之三,并逐渐趋于稳定。如今,都灵是皮埃蒙特(Piemonte)大区的首府,也是意大利北部的一个经济和文化中心①。作为欧洲主要的工业与商贸枢纽以及意大利主要的工业、商业和交通中心,都灵与米兰和热那亚并称意大利著名的"工业三角洲"。

5.1.2 地理位置

都灵具有得天独厚的地理位置,这也是城市不断发展、不断繁荣的自然条件。都灵位于意大利北部富饶而美丽的波河(Po River)平原西畔,周围群山环绕,风景秀丽。这片平原在中世纪时期就非常有名,是意大利的"粮仓",因而被称为"皮埃蒙特"②。俯视皮埃蒙特地区,波河及其支流缓缓从中穿越而过,周围群山将整个皮埃蒙特地区环绕,西部为阿尔卑斯山脉(Alps Mountain),南部为力久利亚亚平宁山脉(Ligurian Apennines Mountain),东部为蒙费拉托山(Monferrato Hill)(图 5.2)③。波河从阿尔卑斯山脉脚下的蒙费拉托村庄向北流动,在与其支流多拉河(Dora Riparia)和斯图拉河(Stura di Lanzo)交汇的地方形成一条 8~9 英里宽的通道,这里正是都灵城市的发源地(图 5.3)④。

都灵是皮埃蒙特大区的中心,并一直是水陆交通的枢纽。据历史记载,早在罗马人建城之前,这个地方就已经成为战略要地和商业枢纽。随后很长一段时间,都灵一直是少数几个跨越波河上游的东西交通要道之一。因此从伦巴第到阿尔卑斯的商人、朝圣者和军队必须在这里过河,从而赋予了都灵市特殊的军事和商业地位⑤。

---

① Statistic demographic ISTAT[EB/OL]. http://www.demo.istat.it
②③④⑤ CARDOZA Anthony L, SYMCOX Geoffrey W. A History of Turin. Torino: Einaudi, 2006: 3-8

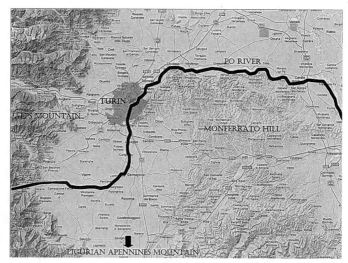

图 5.2 都灵地理位置示意

图 5.3 都灵河流系统
资料来源：CORNA-
GLIA Paolo，LUPO
Maria Giovanni，PO-
IETTO Sandra. Paesag-
gi Fluviali e Verde Urba-
no: Torino e l'Europa tra
Ottocento e Novecento.
Torino：Celid，2008：62

5.1.3 城市的历史演变

(1) 城市的起源

都灵早在公元前 4 世纪左右就有人类在此定居,但建设成为城市则是罗马人的功劳。罗马人最初建城始于在此修建的都灵军营(Castra Taurinorum),这个军营的布局具有典型的罗马奥古斯都殖民地风格(图 5.4):近似方形的布局,四周围以围墙,城内划分为街区,两条主要干道分别连接南北大门(Principalis Dextera 大门和 Principalis Sinistra 大门)和东西大门(Praetoria 大门和 Decumana 大门)[1]。都灵古罗马军营的城市类型和周围农业土地的分割方式,很可能源自早期的殖民居住地,从而形成了古罗马时代棋盘格状的城市肌理。都灵的城市布局对于未来几个世纪内城市的扩张起到了重要的影响,这种棋盘格状的肌理在当今的城市布局中依然清晰可见[2]。

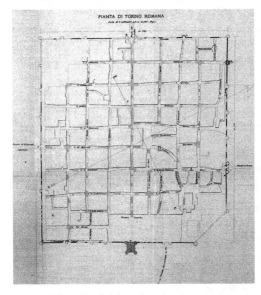

图 5.4 罗马人建的都灵城平面图
资料来源:Torino, ASCT, Collezione Simeom, B 630

---

① COMOLI Vera. La Capitale per Uno Stato: Torino, Studi di Storia Urbanistica. Torino: Celid, 1983: 16-17

② CARDOZA Anthony L, SYMCOX Geoffrey W. A History of Turin. Torino: Einaudi, 2006: 10-15

（2）巴洛克都城的建立

菲利贝托于1563年建立了萨沃伊公国，定都都灵。随后整个城市在建筑师维托齐（Ascanio Vitozzi）的帮助下进行了整体的规划和建设，并由此开创了建设巴洛克都城的新时代[1]。

在战争年代，出于安全因素的需要，都灵城筑成要塞、壕沟和城堡。依据城市的天然地理条件，东面和北面面向波河和多拉河的两面大斜坡地形拥有天然的防御功能，而西南方向则是一马平川[2]。1564—1566年间建成的五边形城堡要塞就坐落在城市的西南角，这里也是城市安全最薄弱的区域，建成后的要塞俯瞰整个波河平原，大大提高了城市的防御能力（图5.5）[3]。

随后的17—18世纪，都灵城市经历了三次扩张过程，但仍未接触到波河，城市的发展与波河尚未建立密切的联系（图5.6）。

第一次扩张始于1620年，依据建筑师查尔斯·卡斯泰莱蒙特（Charles Castellamonte）的设计，将城堡要塞与面向波河的斜坡地形之间的卡斯泰洛（Castello）广场沿南北干道的主轴线向南延伸，一直到城市最南端的新门（Porta Nuova）。轴线的正中是维托齐设计的雷亚莱（Reale）广场，也就是现在的圣卡罗（San Carlo）广场。广场设计风格独特，四周的建筑高度和肌理均一致，底层以柱廊环绕，表现出高度统一的风格[4]。

第二次扩张始于1673年，由阿美迪奥·卡斯泰莱蒙特（Amedeo di Castellamonte）设计，将城市向东朝波河方向延伸，但仍未触及波河。这片新建区域紧邻卡斯泰洛广场东侧，使得广场作为城市中心的地位进一步得到巩固。这次的城市扩张延续了第一次扩张时采用的方格网城市肌理，并将一条

① The Intervention and Creation of the Baroque Capital// COMOLI Vera, ROCCIA Rosanna, COMBA Rinaldo. Progettare la città: l'Urbanistica di Torino tra Storia e Scelte Alternative. Torino: ASCT, 2001: 47

② Prima che al decoro della capitale si provide alla sua sicurezza, dotandola di bastioni e fossati, e di una cittadella. I due lati naturalmente più forti eran quelli affacciati alle pendici verso il Po e la Dora. // COMOLI Vera. La Capitale per uno Stato: Torino, Studi di Storia Urbanistica. Torino: Celid, 1983: 16

③ CARDOZA Anthony L, SYMCOX Geoffrey W. A History of Turin. Torino: Einaudi, 2006: 14-34

④ COMOLI Vera. La Capitale per Uno Stato: Torino, Studi di Storia Urbanistica. Torino: Celid, 1983: 18

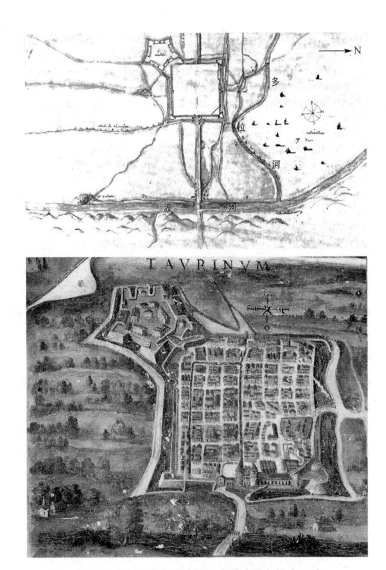

图 5.5　"方形城市"，城堡及外围路网和排水系统

资料来源：Torino. Archivio di Stato, Corte. Architettura Militare, vol. 5; J. b. Ⅲ 11, f. 108v //
MANDRACCI Vera Comoli. Torino Roma. Bari: Laterza, 1983: 17; VATICANI Musei. Galleria
delle Carte Geografiche // Cavagliả Gianfranco. Progetti Integrati d'Ambito a Torino: Complesso dei
Murazzi del Po, via Giuseppe Garibaldi, Piazza Vittorio Veneto. Torino: Celid, 2009: 73

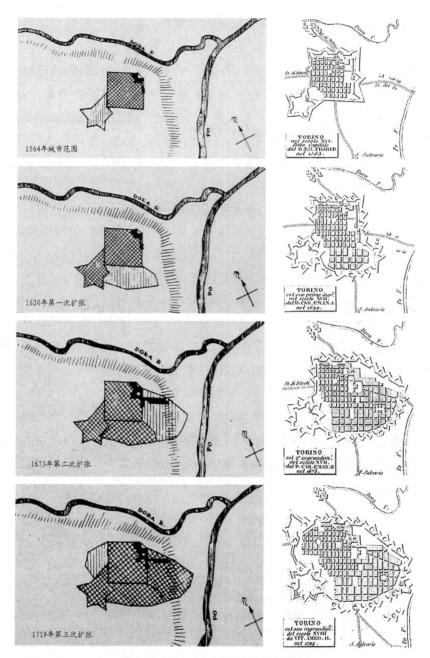

1564年城市范围

1620年第一次扩张

1673年第二次扩张

1719年第三次扩张

图 5.6　17—18 世纪城市扩张示意图

资料来源：Torino，ASCT，Collezione Simeom，D86 // COMOLI Vera．La Capitale per Uno Stato：Torino，
Studi di Storia Urbanistica．Torino：Celid，1983：18；Torino，ASCT，Collezione Simeom，D86

放射形状道路叠加到原有的方格网道路系统中,连接卡斯泰洛广场和后来建成的波大门(Porta Po)①。除了地理因素,军事因素也是城市向东扩张最重要的现实动机,因为波河大桥是通过波河的唯一途径。因此城市的东扩带有特殊的军事防御目的。同时,这次扩张还带有不可忽视的商业动机。通过出卖扩张区域的土地,可以收集到大量的资金用于建设道路、房屋和城墙,同时也有利于对临近波河的城市郊区的私营业主进行管理②。这次城市向波河的扩张拉近了城市与河流的联系,为以后城市跨过河流继续向东发展奠定了基础。

第三次扩张始于1719年,由尤瓦拉(Filippo Juvarra)设计,这次扩张将城堡要塞与北侧面向多拉河的大斜坡之间紧邻旧城区的地块向西延伸。新建城区仍然采用棋盘格状的肌理,并与旧城区中的街区尺度取得一致,从而使新旧城区更好地融合在一起。但是由于城堡要塞战争防御的功能没有改变,所以整个新城区的建设被一条道路[多拉格罗萨(Dora Grossa)大街,即今天的加里波第(Garibaldi)大街]所限制③。这片区域的建筑也比其他两片扩张区域内的建筑低得多。由于采用了高密度的开发模式,区域内不允许出现大尺度的街区,因此这一新建城区的肌理与旧城区几乎完全一致④。

(3) 现代城市的形成

19世纪拿破仑时代,大量的城墙、要塞被拆除。从那时起,城市便可以自由向四周扩张了(图5.7)。但城市的扩张必须遵循新建筑与巴洛克时期老建筑相协调的原则,优先沿着主轴线建造,即沿着城市历史上的几条主要

① COMOLI Vera. La Capitale per Uno Stato: Torino, Studi di Storia Urbanistica. Torino: Celid, 1983: 18

② POLLAK Martha D. Turin 1564—1680: Urban Design, Military Culture, and the Creation of the Absolutist Capital. Chicago, London: The University of Chicago Press, 1991: 197

③ L'area fabbricabile era qui limitata pressoché tutta a notte dell'antico decumano, detto allora via Dora Grossa, ora via Garibaldi, poiché la Cittadella esigeva sul lato verso la città una zona sgombra// COMOLI Vera. La Capitale per Uno Stato Torino: Studi di Storia Urbanistica. Torino: Celid, 1983: 23

④ E in questo modo il tessuto nuovo poteva anche ben saldarsi al tessuto minuto della Città Vecchia// COMOLI Vera. La Capitale per Uno Stato Torino: Studi di Storia Urbanistica. Torino: Celid, 1983: 23

图 5.7 工程部门迪莱斯 (Couseil E'diles) 起草的城市发展总平面图,1809-03-30 城墙拆除之前,整个城市的发展受到很大约束,没有触及波河和多拉河,城市与波河之间仍保留一片空地。
资料来源:Torino, ASCT, Tipi e Disegni, Rotolo 13B

干道展开①。1810 年,波大街轴线延伸段的维托里奥大桥(原名为波河大桥)以及上帝之母教堂(Gran Madre di Dio Church)开工建设。同时,城市周边在拿破仑时代就已开始起草设计的广场在城市规划和建设中起到重要的联系作用,逐渐得到重视,开发商们纷纷投资建设。但由于当时施行的城堡要塞周围不能建设房屋的禁令尚未解除,唯有一处靠近城堡要塞的广场,也就是今天的斯塔图托广场(Piazza Statuto,1864—1866),一直没能被开发②。执政官查理斯·艾尔伯特(Charles Albert,1831—1848)在执政期间将公共支出集中在维托里奥广场周边地区,从而引起了开发商们对于建设沿波河堤岸和防汛墙的热情③。

① Utopia in the Napoleonic Period//COMOLI Vera, ROCCIA Rosanna, COMBA Rinaldo. Progettare la Città: l'Urbanistica di Torino tra Storia e Scelte Alternative. Torino:ASCT, 2001: 164

②③ The Restoration City//COMOLI Vera, ROCCIA Rosanna, COMBA Rinaldo. Progettare la Città: l'Urbanistica di Torino tra Storia e Scelte Alternative. Torino:ASCT, 2001: 204

从 1840 年代起,都灵城市又经历了一次大规模的扩张。这次扩张通过《都城扩张计划》(Piano d'Ingrandimento della Capitale)得以实现①。整个工程由以下四部分扩张计划组成:1851 年的《新门外地区的扩张计划》(Piano Fuori Porta Nuova)和《苏萨门外瓦尔多各地区的扩张计划》(Ingrandimento Parziale fuori di Porta Susa e Sulla Regione Valdocco),1852 年的《瓦奇利亚街区及周边地区的扩张计划》(Ingrandimento della Città nel Quartiere Vanchiglia e Sueadiacenze),1857 年的由于城堡要塞被拆除,其周边土地再利用产生的《原城堡地区的扩张计划》(Progetto d'Ingrandimento verso l'ex Citadella)。这个时期的城市规划还首次提出了对城市绿地系统的重视,如城市公共公园(瓦伦蒂诺公园)的建设②。新的扩张计划对于城市界线划分系统做出精确严格的规定,比拿破仑时期的林荫大道和围合街区更加精确③。19 世纪中叶的扩张计划基于整合城市现有建筑与新建建筑的原则,实际上延续了形成巴洛克城市的三大原则,即"统一、适宜、功能分级",对后来的城市规划具有长期深远的影响④。

5.1.4　河流在城市中的定位

流经都灵的河流主要有四条:波河及其三条支流,多拉河、斯图拉河和萨高萘(Sangone)河(图 5.3)。

最初建城时,古罗马兵营式布局的城市与波河和多拉河尚有一定距离。按照《军事防御条约》中有关城墙布置的具体原则和方案,都灵城市的版图

---

①　COMOLI Vera. Dal Decennio di Preparazione alla Città Postunitaria// COMOLI Vera, ROCCIA Rosanna, COMBA Rinaldo. Progettare la Città : l'Urbanistica di Torino tra Storia e Scelte Alternative. Torino:ASCT, 2001:259-270

②　From the decade of preparation to the post-unification city// COMOLI Vera, ROCCIA Rosanna, COMBA Rinaldo. Progettare la Città: l'urbanistica di Torino tra Storia e Scelte Alternative. Torino:ASCT, 2001:267

③　COMOLI Vera. Dal decennio di preparazione alla città postunitaria// COMOLI Vera, ROCCIA Rosanna, COMBA Rinaldo. Progettare la Città: l'Urbanistica di Torino tra Storia e Scelte Alternative. Torino:ASCT, 2001:259-270

④　From the decade of preparation to the post-unification city// COMOLI Vera, ROCCIA Rosanna, COMBA Rinaldo. Progettare la Città: l'Urbanistica di Torino tra Storia e Scelte Alternative. Torino:ASCT, 2001:268.

在远离两条河流的领土上建立并巩固下来①。随后,17 世纪早期至 18 世纪早期城市经历三次扩张过程,但都未触及这两条河流。直到 19 世纪,大量城墙、要塞的拆除为城市范围的扩张扫除了障碍,同时由于那个时期经济和航海技术的发展,城市发展对河流的依赖性越来越大,因此出于充分利用波河和多拉河的目的,都灵的继续扩张使城市首次延伸至这两条河流(图 5.8)。城市扩张的模式与河岸的特征密切相关,由于波河右岸是天然的山丘地形,城市跨过波河后便很难再继续向东扩张(图 5.9),从而形成了后来波河两岸截然不同的景观风貌,左岸以城市景观为主,右岸则主要表现为风景秀丽的自然山地景观(图 5.10)②。

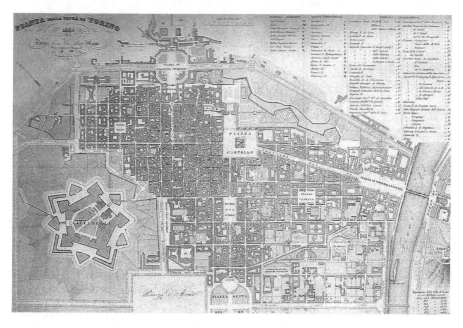

图 5.8 都灵城市规划,1840 年 5 月

资料来源:Torino, ASCT, Collezione Simeom, B495 // BERTOLOTTI Davide. Descrizione di Torino. Torino: G Pomba,1840:201

---

①② LUPO Maria Giovanni. Il verde urbano e le sponde fluviali// CORNAGLIA Paolo, LUPO Maria Giovanni, POLETTO Sandra. Paesaggi Fluviali e Verde Urbano: Torino e l'Europa tra Ottocento e Novecento. Torino: Celid, 2008: 63

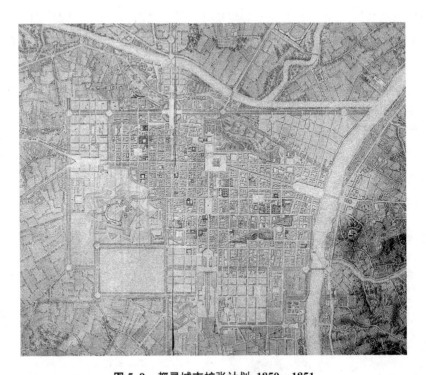

图 5.9　都灵城市扩张计划，1850—1851

资料来源：Roma，ISCAG，FT，ⅩⅩⅩⅧ B2511//BERTOLOTTI Davide. Descrizione di Torino. Torino：G Pomba，1840：260

　　根据城市规划，波河是左岸平原和右岸山丘的分界线。19世纪，波河左岸维托里奥广场及其南侧的穆拉兹河堤建成，此时的波河主要承担航运功能，因此穆拉兹河堤上沿河拱廊内的房间的主要功能为洗衣房、仓储等，与当时的生产活动和生活方式直接相关，与此同时滨河区域的休闲功能也逐渐被市民所发掘，例如修建 Lungo Po Armando Diaz 大道的初衷就是修建一条滨河的、宽敞的景观休闲大道，用于人们的散步兜风活动。同一时期，穆拉兹河堤南侧的瓦伦蒂诺公园绿色工程也在进行中，公园的建成为城市增加了沿水系的绿色斑块，虽然位于市区范围却是一派自然的景致，凸显了河流为城市带来的巨大的景观价值和生态价值。波河的右岸主要被用作生产、服务区域，也零星散布着公园、运动场地等休闲区域。相比左岸的建设过程，右岸的发展基本呈现一种无序状态，主要表现为一种自发的自然演进和更替。

图 5.10　都灵城市总体规划，1886

资料来源：Torino，ASCT，Tipi e disegni，64-5-21//BERTOLOTTI Davide. Descrizione di Torino. Torino：G Pomba，1840：264

　　城市中另外三条河流的功能定位和地位与波河完全不同。多拉河是城市中心区和工业区的分界线，其北侧为城市主要的工业区所在地。萨高奈和斯图拉两条河流分别是城市南北两端市区和郊区的分界线，不同于波河和多拉河，这两条河流主要表现出自然的特征，与城市的联系较松散，彼此的作用力也较弱①。

　　① LUPO Maria Giovanni. Il verde urbano e le sponde fluviali// CORNAGLIA Paolo，LUPO Maria Giovanni，POLETTO Sandra. Paesaggi Fluviali e Verde Urbano：Torino e l'Europa tra Ottocento e Novecento. Torino：Celid，2008：62-65

5.2 维托里奥广场

5.2.1 历史演变

都灵城市长时间被城墙、要塞等防御工事系统限定在一个相对较小的区域内。因此城市为了鼓励人口分散,在 19 世纪上半叶便开始规划波河两岸、维托里奥广场和波河对面的上帝之母广场及同名教堂的建设工程,这标志着新一轮城市化进程的开始。波河由此成为城市景观的组成要素,而不再是城市和郊区天然的分界线①。拿破仑时代(1808—1814)跨波河的大桥的建成具有决定性意义,将山丘和河流纳入城市景观,并最终形成了由建筑和环境价值构成的城市景观系统。

(1)广场的起源

1646 年在法国基督教统治者颁布的法令中已明确地表达出要将都灵整个城市向波河扩张的坚定决心②。17 世纪,名为"波河新城"的城市东扩项目正式开始实施③。

由于拆除了始建于 1673 年的防御工事和 1680 年建成的由瓜里尼(Guarini)设计的波大门、莫斯奇诺(Moschino)城墙外的村庄、圣马可(San Marco)教堂与里昂纳多(Leonardo)教堂,这片区域获得了自由发展的空间,1813 年城市管理部门宣布维托里奥广场开工建设④。由于国王想在此举行阅兵活动,因此需要这个广场能够容纳 300 000 人。1818 年 11 月,城市管理部门提出建设一个大广场的假设,由一个半圆形广场和一个更大的矩形广场叠加在一起的,取代原有的广场(图 5.11、图 5.12)⑤。然而由于此处是天然的坡地地形,建设工作非常困难且费用昂贵,投资者们预计建设费用的支出会大大超过收入,因此没有人可以为此项工程投资,即便国王曾试图通

104

---

① Autrement dit, la construction de ces deux places indiquerait le début d'un urbanisme nouveau où le Pò deviendrait un élément constituant du paysage urbain// BERGERON Claude. La Piazza Vittorio Veneto e la Piazza Gran Madre di Dio. Studi Piemontesi, 1976, 2:211

② COMOLI Vera. Torino. Roma, Bari: Laterza, 1983: 36

③ COMOLI Vera. Torino. Roma, Bari: Laterza, 1983:42-43

④ COMOLI Vera. Torino. Roma, Bari: Laterza, 1983:111-113

⑤ BERGERON Claude. La Piazza Vittorio Veneto e la Piazza Gran Madre di Dio. Studi Piemontesi, 1976, 2: 213

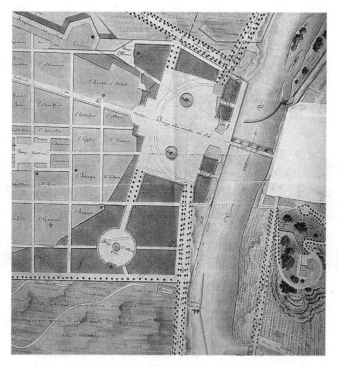

图 5.11 波大门外广场规划,1817-11-30

资料来源:Torino, AST, Corte, Paesi per A e B, m. 11, f. 81

过免税 30 年的优惠政策刺激投资者,项目仍无人问津。由于这个原因,公告宣布后六年间,维托里奥广场一直未能开工[①]。1822 年以腓力切(Carlo Felice)为首的城市建设委员会决定再次对广场进行设计,米切洛蒂(Michelotti)、布鲁纳蒂(Bonsignore Brunati)和隆巴尔迪(Lorenzo Lombardi)三位建筑师于 1825 年 2 月 10 日提交了他们的设计建议[②]。

　　由于城市最南端的新门及其周边广场计划在阅兵前建成并作为阅兵活动的主要场所,建筑师们一致建议在该地段先建一个稍小一点的广场,而且不建议延伸至波河,否则在广场上观看波河对面皇冠(Crown)山的景观视线将被破坏。同时,他们还建议保留安尼奈斯(Teatro d'Angennes)大街(现在的 Principe Amedeo 大街)尽端至波大街的四行树列,可以作为广场长边的

---

①② COMOLI Vera. Torino. Roma, Bari: Laterza, 1983: 126-131

图 5.12　波河与城墙间区域的景象，1816
资料来源：Torino，ASCT，Collezione Simeom，D 166

界线(图 5.13)①。在这里值得一提的是,建筑师们似乎并没有考虑该广场与波河对岸在建的上帝之母广场和教堂的关系,而仅仅专注于作为壮观城市背景的皇冠山的景观完整性(图 5.14)②。

(2) 广场的建设

为了营造一个雄伟的城市入口,建筑师们开始对广场周边建筑的立面进行设计,同时试图解决地形坡度的问题。在此之前的设计中,排列成行的树列划定了广场的边界并成为其最大的特色。后来为了获得更长的建筑立面去除了这些树列,只剩下街道,因此这片以前由绿化带分隔的区域变成由统一的带有拱廊的建筑立面围合的广场,建筑元素成为广场唯一的组成部分。统一的立面设计更加强调了建筑的连续性。为了解决天然地形坡度这一难题,建筑师们最初设想将建筑立在一个大平台上一直延伸到波河,与波

106

———————————

① COMOLI Vera. Torino. Roma，Bari：Laterza，1983：126-131

② BERGERON Claude. La Piazza Vittorio Veneto e la Piazza Gran Madre di Dio. Studi Piemontesi，1976，2：218-219

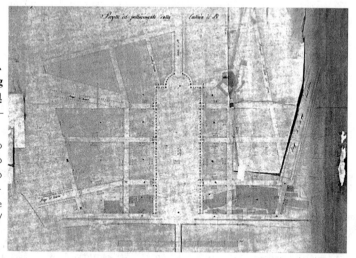

图 5.13　弗里齐、比列托（Regio Biglietto）的维托里奥广场规划图，1825-05-20

资料来源：Progetto del protendimento della Contrada di Pò sino al Ponte — Torino，ASCT，Tipi e Disegni，40 - 3 - 4/A/2

图 5.14　从维托里奥广场看上帝之母教堂和皇冠山

资料来源：http://image. baidu. com

大街上的房屋处于同一水平线上，从而加强沿河建筑的纪念性特征①。而最终实施方案参照了青年建筑师弗里齐(Giuseppe Frizzi)的建议，他建议沿广场的长边建造阶梯状跌落的房屋来解决地形的坡度问题。为了满足沿凯撒(Giulio Cesare)大街的建筑连续性的需求，将沿广场长边的建筑立面划分为四段，从而在保证各组成部分具有统一性特征的前提下赋予沿广场长边的建筑立面更好的韵律感(图 5.15)②。

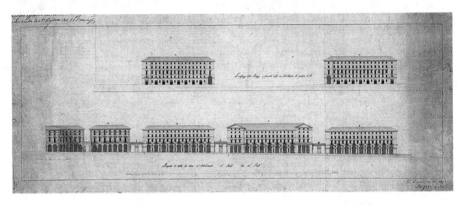

图 5.15　广场周围带有拱廊的立面规划图，弗里齐的方案，1825
资料来源：Torino, ASCT, Tipi e Disegni, 62-5-33

　　弗里齐的方案征得了腓力切的同意，五个月后维托里奥广场正式开工建设。但由于城市的财政预算没有考虑到土方和铺路工程，国王于 1828 年宣布推迟靠近波河左岸的四个街区的建设。这一命令引起了开发商们极大的不满，他们投资的许多工程都已开工建设，急切盼望他们投资的房产升值。而这一推迟建设的命令，无疑有悖于他们先前的预期。于是开发商们坚持要求市政府至少应该完成靠近维托里奥大桥区域的防汛墙和堤岸的建设。为了满足这一要求，由工程师莫斯卡(Carlo Mosca)设计的穆拉兹河堤开工建设。他的规划设计建议将波河两岸均划入建设区域，还提出了沿堤岸种植行道树等建议。但最终国王仅同意为波河左岸的建设提供资金，用于建设栏杆、码头和坡道，因此波河沿岸的这条大道被建设成为服

---

①② BERGERON Claude. La Piazza Vittorio Veneto e la Piazza Gran Madre di Dio. Studi Piemontesi, 1976, 2:215-216

务于城市交通系统的主要城市道路,而不是一条滨河景观大道(图 5.16)①。

图 5.16　维托里奥广场和维托里奥桥,1840
资料来源:Torino, ASCT, Collezione Simeom, D322

(3)广场与波河右岸的联系

1)与上帝之母广场的"联系"

在埃马努埃莱和卡洛·腓力切统治期间,国王一直直接参与城市的扩张和美化工程的管理工作。埃马努埃莱一世国王(Vittorio Emanuele I)为了庆祝回到都城,决定建设上帝之母教堂及周边广场②,上帝之母教堂成为波河右岸第一座公共建筑。然而对于整个建设过程并没有一个统一完整的规划,建设的目的既不是为了开拓新的城市区域,也不是为了促进波河右岸村庄的发展。1818 年,出于经济因素的考虑,国王从四个广场规划方案中选择了一个较为简单的方案,广场由两个不同尺度的矩形构成(图 5.17),其周边建筑的立面设计也很朴素,没有拱廊的设计(图 5.18)③。从国王的选择可以看出,他主要从经济因素的角度出发,而并没有考虑与波河对岸的维托里奥广场的联系。

---

①③　BERGERON Claude. La Piazza Vittorio Veneto e la Piazza Gran Madre di Dio. Studi Piemontesi, 1976, 2:213,215-216

②　BIGLIETTI Regi. Luciano Tamburini, Il Tempio della Gran Madre di Dio. Torino, 1969, 2 (3/4): 30-36

图5.17 上帝之母
广场平面设计方
案，1818
资料来源：Torino,
ASCT, Disegni, 10-1-
19

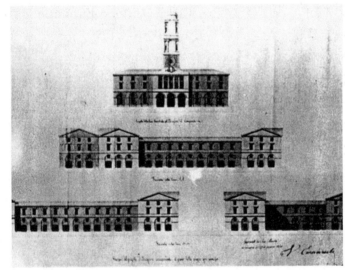

图5.18 上帝之母
广场建筑立面设计
方案，1818
资料来源：Torino,
ASCT, Disegni, 10-1-
10

图 5.19 上帝之母教堂和波河右岸景象
资料来源：Torino，AEPT，n. 1315/77332//COMOLI Vera. Torino. Roma, Bari：Laterza, 1983：127

　　上帝之母广场随后的工程进展实际上证实了该项目并没有得到官方的足够重视。工程进展相当缓慢，至19世纪末，尽管沿广场南侧的新建筑已经建成，有的正在建设中，但许多老建筑仍然散布在通往广场的入口处①。最终，上帝之母教堂北侧建筑的设计一直没有得到官方的正式批准②。由于上帝之母广场位于当时城市的郊区，整个广场的建设过程基本处于一种自发的状态，似乎看不出统治者希望通过合理的规划构建城市空间的意愿，建筑的空间格局在这种自发的过程中不断调整，从而形成了今天上帝之母广场的城市肌理(图5.19)。

　　至于上帝之母广场和对岸的维托里奥广场之间的协调问题，国王也从未提及，从而导致最终实现的两个广场上的建筑立面没有任何共同之处。19世纪最后半叶，沿着通往佩鲁奈(Madonna del Pilone)道路的两侧种植了行道树，一直延伸到维托里奥大桥，从波河左岸看过去，上帝之母广场的立面几乎完全被掩盖了。这一举措，更进一步说明了管理者从未考虑过将这

---

　　①　Les maisons du côté sud et cel. derrière l'église étaient déjà construitou en cours de construction à ce date，comme le montre le relevé l'arpentdur Rabbini (ASCT，Rotolo 17-D)
　　②　BERGERON Claude. La Piazza Vittorio Veneto e la Piazza Gran Madre di Dio. Studi Piemontesi，1976，2：217

两个广场形成统一的联合体①。

由此可见，尽管这两个广场几乎同时建设，但它们从来没有被当作一个统一的联合体进行设计。维托里奥广场坐落在市区，与城市的关系密切，在几个世纪内一直受到城市管理部门的重视。相反，上帝之母广场位于城市的郊区，因此并未得到管理部门同样的重视②。今天，如果试图评价两个广场的关系，我们只能庆幸当时的建设者没有试图将两者形成统一的联合体③。如果他们当时以此为初衷，也许会想办法克服上帝之母广场地理位置较低的不利条件并在波河右岸建造更高体量的建筑，从而与维托里奥广场上的房子取得一致高度，这必将破坏城市及其背景皇冠山之间的借景关系，同时也会削弱上帝之母教堂在广场中心的主导地位。

2) 跨越波河的大桥

从《波河上的老桥》(Veduta dell'antico ponte sul Po)这幅画(图5.20)中可以看出，画面左侧为卡普奇尼山(Monte dei Cappuccini)，山顶教堂隐约可见，右侧为沿滨河而建的村庄，一座危旧的老桥连接波河两岸的村庄，此时的桥梁虽然破旧，但已然成为联系波河两岸的重要通道。

路易吉·瓦卡(Luigi Vacca)的画(图5.21)显示了桥梁、河流和城市中心的联系，从中可以看出拆除的城墙和防御工事被绿地和花园所替代。这幅画显示了维托里奥大桥与未来的波大街的对应关系，同时还显示了波河左岸的防汛墙以及河堤建设之初的景象④。

112

---

① Enfin, quand, dans le troisième quart du dix-neuvième siècle, on prolongea jusqu'au pont les plantations d'arbres de la route de la Madonna del Pilone, on confirmait que cette place n'avait pas été conçue pour former une composition unifiée avec la piazza Vittorio. Ces plantations et d'autres qui furent faites plus tard au départ de la route de Piacenza dissimulent presque entièrement les façades de la piazza Gran Madre di Dio à l'ceil de l'observateur placé sur l'autre rive. BERGERON Claude. La Piazza Vittorio Veneto e la Piazza Gran Madre di Dio. Studi Piemontesi, 1976，2：217

② BERGERON Claude. La Piazza Vittorio Veneto e la Piazza Gran Madre di Dio. Studi Piemontesi, 1976，2：217

③ S'il faut porter un jugement sur les travaux de ces deux places, l'on ne peut que se réjouir que leurs bâtisseurs n'aient pas cherché à constituer un tout unifié. BERGERON Claude. La Piazza Vittorio Veneto e la Piazza Gran Madre di Dio. Studi Piemontesi, 1976，2：218

④ RE Luciano. Il ponte napoleonico sul Po// CAVAGLIA Gianfranco. Progetti Integrati d'Ambito a Torino: Complesso dei Murazzi del Po, via Giuseppe Garibaldi, Piazza Vittorio Veneto. Torino: Celid, 2009：74

图 5.20   波河上的老桥,1745

资料来源:Torino. Galleria Sabauda// CAVAGLIA Gianfranco. Progetti Integrati d'Ambito a Torino:Complesso dei Murazzi del Po, via Giuseppe Garibaldi, Piazza Vittorio Veneto. Torino: Celid,2009:74

图 5.21   波河左岸城市景象,约 1820

资料来源:Torino. ASCT//COMOLI Vera, ROCCIA Rosanna. Progettare la Città:l'Urbanistica di Torino tra Storia e Scelte Alternative. Torino:ASCT,2001:80

奥比缤(Henri le Lieure de l'Aubepin)在意大利统一后早期的摄影作品(图 5.22)清楚地展示了山丘景观如何与城市景观融为一体:维托里奥广场上均匀排布着两列煤气灯,广场尽端矗立着新古典主义风格的上帝之母教堂,教堂左上方远处山上的皇后别墅因其广角立面而显得尤其瞩目,其周围的小村庄依山而建,若隐若现。由于此时的广场上空还没有出现架空电线,上帝之母广场的立面清晰可见。矗立在维托里奥大桥两侧的路灯更加突出

图 5.22　从维托里奥广场看上帝之母教堂的景象，约 1865

资料来源：Torino, ASCT, NAF 13/10//CAVAGLIA Gianfranco. Progetti Integrati d'Ambito a Torino: Complesso dei Murazzi del Po, via Giuseppe Garibaldi, Piazza Vittorio Veneto. Torino: Celid, 2009: 81

了视野尽端上帝之母教堂的高度①。

　　原来设计的维托里奥大桥两侧的大坡道最终只在靠近城市中心的左岸实现，连同码头和船台，给运送建筑材料和物资的船只提供驳岸②。出于同样的目的，这些工程推动了后来穆拉兹河堤工程的完成。近年来，随着功能转型，这片区域成为深受市民喜爱的一处城市休闲空间（图 5.23）。

　　由于左岸城市化进程的加快和城市的不断扩张，城市空间进一步向波河右岸延伸，上帝之母教堂和广场同时开工建设（1818），成为城市的舞台③。维托里奥大桥先于穆拉兹河堤完工，之后随着穆拉兹河堤工程的逐步实施和完善，桥梁逐步融入两岸的城市系统中。尤其是意大利统一（1861）之后又对桥梁进行了一系列加固和改造，如将石头护栏更换成铸铁栏杆等，有节庆活动时桥梁两侧插满鲜花和彩旗，由此桥梁完全纳入城市空间系统之中并与之形成一个整体④。进入 20 世纪以后，关于拓宽维托里奥大桥的建议

　　①②③④　RE Luciano. Il ponte napoleonico sul Po// CAVAGLIA Gianfranco. Progetti Integrati d'Ambito a Torino: Complesso dei Murazzi del Po, via Giuseppe Garibaldi, Piazza Vittorio Veneto. Torino: Celid, 2009:79,80,82

图 5.23　卡布奇诺山上看到的维托里奥广场全景图，1880

资料来源：Torino，ASCT，NAF，7A/01// CAVAGLIA Gianfranco. Progetti Integrati d'Ambito a Torino：Complesso dei Murazzi del Po，via Giuseppe Garibaldi，Piazza Vittorio Veneto. Torino：Celid，2009：179

不断提出。1936 年为了将波大街轴线（波大街—维托里奥广场—维托里奥大桥—上帝之母广场）用于节庆活动等特殊功能，扩建了从卡斯泰洛（Castello）广场上的奥斯塔公爵（Duke of Aosta）雕像到上帝之母教堂的整条轴线①。从上帝之母广场、维托里奥广场和穆拉兹河堤新的规划中可以看出，维托里奥大桥已经成为影响城市环境的关键因素，它不仅是河流与城市空间的交点，更是城市景观中不可或缺的一部分②。

随着第二次世界大战的爆发，维托里奥大桥左翼在战争中遭到了严重的空袭破坏，尤其是防汛墙、铺地、上游的护栏和下游的一段斜坡墙面都破坏严重。战后由于各种原因，城市仅仅对遭受破坏的地方进行了简单的修

115

---

① RE Luciano. Il ponte napoleonico sul Po// CAVAGLIA Gianfranco. Progetti Integrati d'Ambito a Torino：Complesso dei Murazzi del Po，via Giuseppe Garibaldi，Piazza Vittorio Veneto. Torino：Celid，2009：82

② VIGLIANO Giampiero. Beni Culturali Ambientali in Piemonte：Contributo alla Programmazione Economica Regionale. Torino：Centro di Studi e Ricerche Economico-sociali，1969

复,因此一些破坏痕迹在维托里奥广场一侧被永久记录下来①。

5.2.2　特征分析

"城市广场"是城市中由建筑物、道路或绿化地带围绕而成的开敞空间,是城市公众社会生活的中心,又是集中反映城市历史文化和艺术面貌的城市空间。作为城市意象中的"结点",它是一个区域的象征,是一个重要的城市空间形态,是城市居民聚散活动的产物。城市广场文化是欧洲文化的一个独特现象②。

维托里奥广场位于城市与河流的交叉点,与城市中其他广场不同的是,它三面由建筑围合,一面朝向河流和山丘打开,人工景观和自然景观在此完美地交汇并融合。河流、桥梁、对岸的上帝之母教堂、远处的卡普奇尼山丘以及山丘上零星点缀的绿树掩映的建筑赋予维托里奥广场特殊的地理环境特征。此外,维托里奥广场和与之相连的波大街、维托里奥大桥共同构成了卡斯泰洛广场至上帝之母广场的轴线,因此广场除了为人们提供驻足休憩和观赏自然景观的场所外,还带有很强的穿越性特征,满足来自卡斯泰洛广场的人流和车流穿越广场并跨过波河到达对岸的上帝之母广场。

同过去一样,今天的维托里奥广场仍是城市历史中心地区最具有吸引力的地区:适宜的规模和尺度,自然生长的简单而统一的肌理,富有历史场景感的城市风貌以及丰富的夜生活场景,所有这些特征共同赋予广场独有的特色并使之具有很高的趣味性,成为各方面都具有很强吸引力的城市核心空间,吸引着大量本地市民和外地游客③。由于其适宜的尺度和相当高的历史环境和景观环境价值,维托里奥广场被公认为是"都灵的城市遗产"④。

5.2.3　存在的问题

随着城市的发展,该区域逐渐显现出与城市现代功能不和谐的问题。由于欧洲经济在战后迅速恢复,加之坐落于都灵的大型汽车制造企业菲亚

---

①　RE Luciano. Il ponte napoleonico sul Po// CAVAGLIA Gianfranco. Progetti Integrati d'Ambito a Torino: Complesso dei Murazzi del Po, via Giuseppe Garibaldi, Piazza Vittorio Veneto. Torino: Celid, 2009: 70-85

②③④　蔡永洁. 空间的权利与权力的空间——欧洲城市广场历史演变的社会学观察. 建筑学报,2006 (6): 38,145,148

特公司对于当地汽车工业的推动,1950—1960年代开始都灵私家车数量急速增长,而之前的规划并没有预留充足的停车空间,这也是所有现代城市都会面临的传统城市空间与社会发展的矛盾,这就导致了广场地面乱停车现象的不断加剧(图5.24),尤其在晚上,广场地面除公共交通线路之外的空间几乎都被小汽车占据,使得市民和游客无法在此驻足,广场两侧围廊内的商铺(如餐饮、售卖、小型展览等)的经营环境也在一定程度上受到影响,昔日最具吸引力的城市核心不再风光。

图 5.24　2006 年改造过程中的维托里奥广场

资料来源:CAVAGLIA Gianfranco . Progetti Integrati d'Ambito a Torino:Complesso dei Murazzi del Po,via Giuseppe Garibaldi,Piazza Vittorio Veneto. Torino:Celid,2009:146

5.2.4　保护更新策略①

由于其广阔的尺度和相当高的历史环境价值,维托里奥广场被视做都灵市的遗产,它的发展受到管理者、学术界和广大市民的重视。2006年都灵市发起了区域一体化工程(Progetti Integrati d'Ambito,简称PIA),旨在重组城市中心区域空间使其成为一个有机的整体。维托里奥广场改造工程是区域一体化工程中的一部分(图5.25),于2006年完工,主要目的首先是建设一个地下停车场解决整个广场区域的乱停车问题,采取有效措施缓解地

---

①　CAVALLARO Valter, COZZOLINO Clelia, GHIGGIA Raffaella. Il Progetto Integrato d' Ambito di piazza Vittorio Veneto// CAVAGLIA Gianfranco. Progetti Integrati d'Ambito a Torino: Complesso dei Murazzi del Po, via Giuseppe Garibaldi, Piazza Vittorio Veneto. Torino:Celid, 2009: 144-158。本段内容根据以上资料整理。

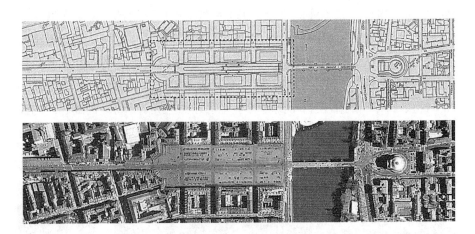

图 5.25 维托里奥广场改造工程范围示意图

资料来源:CAVAGLIA Gianfranco. Progetti Integrati d'Ambito a Torino: Complesso dei Murazzi del Po, via Giuseppe Garibaldi, Piazza Vittorio Veneto. Torino: Celid, 2009:144

面停车的压力;其次是优化现有的步行空间,促进广场空间与德豪斯(Dehors)①区域空间的协调,以鼓励和改善不同业主之间的协调合作关系,恢复广场昔日繁荣的商业和文化气氛,同时为城市广场空间用做临时事件(如临时展览、节日集会和游行等)提供更多的可能性。

(1) 公共空间系统

1) 功能组成

维托里奥广场自建成以来一直是市民活动的中心,各种类型的商业功能是广场上最主要的功能组成部分。经历了几个世纪的发展沿革,广场周边不乏一些百年老店,至今仍经营得如火如荼。改造项目之初对广场原有功能进行了仔细的调研,对商业类型进行了仔细的划分,项目保留了原有多样化的功能,同时还适当引入新的功能,对各种类型的组成比例进行了优化,此外还特别保留了有特色的店面装修并进行了适度翻新。如今广场上的业态组成主要有:餐饮店、便利店、冰激凌店、咖啡吧、小型画廊、音乐厅、小型博物馆、电影院等等。每逢周末、节假日,广场上都会聚集熙熙攘

① Dehors 是一个法语词汇,意为:"所有室外构件的统称,与主体建筑或结构有一段距离,并带有顶棚或四周的遮蔽物"。在欧洲常常用于室外餐饮空间,作为餐馆内部空间向城市空间的延伸。引自:Webster's Revised Unabridged Dictionary. C. & G. Merriam Co, 1913

攘的人群,正是这种高涨的人气吸引了不少行为艺术家常常选择该广场作为表演的舞台,他们通过各种方式与观众进行互动,反过来增加了广场的活力。夏季的夜晚,常有餐馆或酒吧在自家店面门前安排音乐表演,不仅可以为坐在德豪斯里吃饭、饮酒、休闲的人们提供艺术享受和精神享受,还无偿地为广场上的市民所享用,常常吸引人们驻足欣赏,有的人会伴着音乐翩翩起舞,有的人也会选择在德豪斯里坐下来用餐,同时也为商家带来更大的经济效益。

2) 交通系统

维托里奥广场是联系城市中心和波河右岸的枢纽空间,因此该区域是城市跨河交通和沿河交通的节点,在整个城市交通系统中起到至关重要的作用。整个改造项目的源起就是地下停车场的建设,将原广场上随意停放的私家小汽车引入地下,缓解地面交通压力,旨在调节现代城市功能和传统空间形式的矛盾。此外,改造项目还将原来位于波大街上的出租车停车区域重新分配至整个广场步行区域,释放了波大街上的部分空间,纾解了原来波大街上拥挤的地面交通,优化了广场的可达性。同时,为了保障广场良好的空间环境,还重新梳理了广场周边的交通线路,减少南北向横穿广场的线路,争取将对广场的影响降到最低。目前广场范围内只留有一条南北向横穿广场的机动车道。虽然广场与维托里奥大桥之间仍被机动车道割裂,但是由于道路不宽,而且有交通信号灯的控制和车速的控制,加之欧洲国家车让人的优良传统,使得行人仍然能比较便捷地从广场到达维托里奥大桥。服务系统的优化也是该改造项目的重心所在,项目通过合理地安排清洁车辆和运输车辆的路线和时间分布,有效地实现并保持了场地的清洁并提高了装卸货物的便利性。

3) 开放空间

改造项目并没有采取全盘否定、拆除重建的态度,而是充分利用原有的天然进化而成的地形,保留了空间场景的历史感,保留了市民的集体记忆。在整个历史演变过程中,广场始终向波河敞开,在城市景观系统中充当配角,凸出了以河流、桥梁和山丘为特色的环境景观,运用借景的手法将这些自然景观作为城市中宝贵的自然和文化资源。

区域一体化工程作为一个管理工具,在城市法规 No.287 Art. 5 中关于"季节性连续使用的德豪斯占用公共土地"的相关规定的指导下,代表着对城市空间进行干预的一种有效的手段(图5.26)。通过这个工具,市民、商贩和劳动者实际上都可以参与到城市空间更新的过程中去,能够提出他们的商业需求并提供单位援助以及与市政府提出的规划方案结合为一体。项目根据目前的活动和未来可能出现的活动重组公共空间系统,包括廊下空间和广场中心空间等,优化清洁和装卸货物等公共服务,以及优化现有步行空

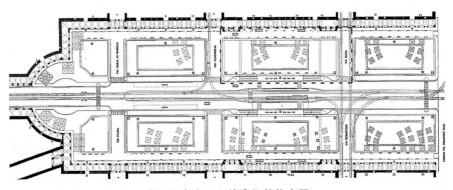

维托里奥广场上德豪斯整体布局

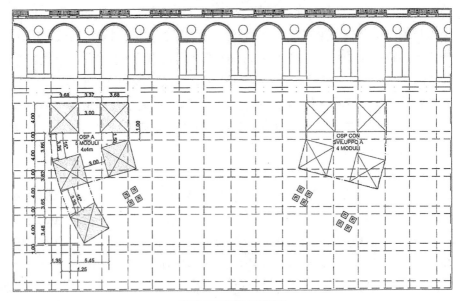

德豪斯平面布置详图

图 5.26　德豪斯布局示意图和效果图

资料来源：CAVAGLIA Gianfranco. Progetti Integrati d'Ambito a Torino：Complesso dei Murazzi del Po，via Giuseppe Garibaldi，Piazza Vittorio Veneto. Torino：Celid，2009：151-155.

间。在同质性、功能性、一致性和集成性的基础上，在使用公共空间的过程中为其增添一些新的特征，例如在设计中强调空间的适用性和灵活性，划定一部分步行区域空间用作临时公共事件等①。

（2）景观风貌系统

1）建、构筑物

维托里奥广场南、北、西三面由建筑围合，这些建筑的二层及以上为居住功能，首层均朝向广场打开，为在广场上活动的市民和游人提供各种服务功能，由建筑拱廊形成的半开放空间作为过渡，从建筑到广场形成私密、半开放、开放的空间序列，为各种活动提供空间载体。

维托里奥广场与波河一路之隔，虽然广场没有直接滨水，但由于其特殊的地理位置，改造项目更多的是从新的广场布局和使用功能着眼，整合和更换现有的街道家具元素，在满足各类人群使用需求的同时考虑避免对波大街轴线上朝向波河对面天然山丘景观的遮挡。例如项目在分析从维托里奥广场到波河对岸上帝之母教堂的视线的基础上，建议将影响对景视线的街道构筑物拆除（图 5.27）。同时，项目还遵循弹性设计法则，设计了许多能够灵活使用和安装的街道家具和构筑物，从而满足广场功能多变的需求，具有较强的适应性。

---

① CAVAGLIA Gianfranco. Progetti Integrati d'Ambito a Torino：Complesso dei Murazzi del Po，via Giuseppe Garibaldi，Piazza Vittorio Veneto. Torino：Celid，2009：146

2）桥梁

维托里奥大桥连接维
托里奥广场和大圣母广场，
是连接波河两岸空间的枢
纽。大桥正好处在河道弧
形弯的位置，从大桥上向北
可以看到波河下游的景观
随着河道弯曲的弧线消失
在视野的尽端，向南可以看
到上游的翁贝托一世大桥
和瓦伦蒂诺城堡的一角。
因此，维托里奥大桥是欣赏

图 5.27　维托里奥广场对景视线分析
资料来源：CAVAGLIA Gianfranco. Progetti Integrati
d'Ambito a Torino：Complesso dei Murazzi del Po, via
Giuseppe Garibaldi, Piazza Vittorio Veneto. Torino：
Celid, 2009：151

两岸广场、教堂和波河景观的最佳观景地点和拍摄地点，桥梁不仅仅是一段
通过式的空间，还是能够吸引人们停留下来观景的空间。由于维托里奥大
桥在城市空间中占据核心的位置，每逢节假日，大桥两侧都挂满彩旗和鲜
花，营造出生动活泼的城市氛围，可以说它更是一道亮丽的城市景观。"你
站在桥上看风景，看风景的人在桥上看你"，对卞之琳的浪漫诗句进行演绎，
恰好体现了维托里奥大桥既是观景点又是景观点的双重身份(图5.28)。

图 5.28　维托里奥大桥景观
资料来源：Jordi Ferr Gicquel 摄

维托里奥大桥上人车共行，人行道位于车行道两侧，这样的空间有往来车辆的干扰似乎显得有点不适宜。为此，都灵城市规划与景观学界有过激烈的讨论，曾有学者建议将维托里奥大桥完全步行化，在下游圣·毛里齐奥（San. Maurizio）大道的延伸段新建一座桥梁解决车辆的跨河交通问题(图5.29)，因为圣·毛里齐奥大道是城市主干道，这样既可以方便来自圣·毛里齐奥大道的车辆跨越波河，又可以把维

图 5. 29　建议新建桥梁位置示意图

托里奥大桥从繁忙的跨河机动车交通中释放出来，充分发挥它在城市中的景观价值。如果这一方案得以实施，维托里奥广场、维托里奥大桥、上帝之母广场三者之间的联系将更加紧密，城市中心波河两岸的空间将更加有机地结合在一起，桥梁将成为城市开放空间的一个重要组成部分。

（3）历史人文系统

改造项目在重新组织空间的过程中就充分考虑到广场上目前已有的和未来可能出现的活动，旨在提高空间的适应性，使其能够容纳各种类型的活动。改造后的维托里奥广场成为都灵最具活力的城市空间，各种大型活动几乎都在该广场上举行。每年2月份的巧克力节，广场上会搭起展台、临时售卖点、临时舞台，容纳上百个作坊和厂家来此展示和推销最新巧克力产品，都灵市也因此得名"巧克力之都""世界上最甜的城市"(图5.30)。每年6月2日意大利国庆日，都会在广场上举行隆重的庆典活动(图5.31)。一年一度的新年夜波河上有燃放烟火的传统，烟火燃放点在河面上，从维托里奥大桥一直向南延伸到翁贝托一世大桥，维托里奥广场由于空间开阔成为最主要的人群聚集点，是最佳的观演场所，成千上万的市民在此聚集，甚至都灵周边城市的居民都会驱车赶来参加。除了这些固定的节假日活动之外，各周末广场上还时常举办各种展览、音乐会及各种主题性休闲活动(图5.32)。

通过各种活动的举办和场景的再现，城市的历史文脉得以延续，生活在当代的人们可以通过传统民俗活动回顾历史，而今天的活动和习俗也将成为未来的历史。

图 5.30　巧克力节上搭建的以某品牌巧克力经典包装为原型的临时售卖点

图 5.31　国庆日广场庆典活动

图 5.32　周末广场主题休闲活动

5.2.5 策略实施的保障

(1) 整体的规划管理

该项目草案提出的过程实际上是一个区域内在资源重估与优化的自然过程。这个改造项目,旨在通过刺激商业行为、提高公共监督和协调各种公共的和私人的干预措施促进城市中心区公共空间的复兴,从而改善整个周边城市区域的交通系统和步行区的适用性[①]。

该项目首先对城市规划进行审查,强调出反映城市肌理的"品质"和"脆弱性"的各种要素。通过这项工作,能够了解该区域的商业环境和具有很高历史价值的元素,并仔细考察所有的管理问题,最终采取针对性措施满足区域复兴的要求。对基地现场状态的详细调研主要包括[②]:

- 商业的类型和历史特点;
- 现有的临时占用空间;
- 广场上多种功能元素的利用所产生的利益;
- 所有功能上、形态上与城市肌理不相符的元素。

除了对基地内的情况进行详细调研之外,项目还将广场周围更大范围内的城市肌理作为主要参考,包括整个穆拉兹河堤地区、上帝之母广场,当然还包括有强烈标志性的由河流、桥梁、山丘和城市历史上的"边界"共同组成的周边环境,所有这些都是整个系统再生和地表形态利用的参照点,作为区域内各元素及区域外大系统总体规划设计的重要参考,将区域复兴与区域外大系统的总体规划设计联系起来。

(2) 完善的法规导则

项目实施之前存在的城市层面的法规和规划文件主要有:城市建设委员会关于建立用于临时占用的公共土地各级别保护区域的决议;历史轴线上的商业区(卡斯泰洛广场—波大街—维托里奥广场)再开发条例;安装季

125

---

①② CAVAGLIA Gianfranco. Progetti Integrati d'Ambito a Torino: Complesso dei Murazzi del Po, via Giuseppe Garibaldi, Piazza Vittorio Veneto. Torino: Celid, 2009:145,147

节性连续使用的德豪斯及后续维修条例;中央交通区域实施规划①。可以看出,管理架构过于复杂,区域内公共土地的管理不但必须遵循这些法规和规划,还要遵循地方性法规以及国家关于交通系统和城市空间的使用、可达性和安全性等方面的法规②。

项目的指导原则就是在这些法规的基础上提出的,通过设计合理的方式到达步行区域、道路与轨道交通穿行区域、私人物业区域,确保公共空间的妥善维护和清洁,从而达到改善车辆、步行交通条件和区域可达性及服务等级标准的认同③。

除了区域使用的识别性之外,具体到设计层面,该导则还影响了广场上选择和设置街道家具元素的方法,甚至还影响到相关区域内适合的街道家具元素类型的选择。这些要求涉及街道家具基本的物理特性和材料、选址、安装等原则(图5.33),主要包括材料的选择范围、安装方法、可以使用的家具类型及推荐使用的多功能家具等。家具类型的选择取决于一个地方物理的、历史的和材料的要素,在满足功能与技术要求的前提下涵盖新的特点,从而更有利于满足公共空间的使用需求。这些导则实际上提供了有益的规范,指导着最终家具的选择并按照相应的标准安装在现场,从而完整地完成一个规划设计过程的实施,以满足上文分析中提及的重要需求④。

具体来说,导则是通过颜色、尺寸和允许使用的材料等元素的定义来控制街道家具及装饰元素的选择,如遮阳伞、桌、椅等。其目的不是消除各种公共设施之间的差别,而是根据同质性和多样性原则协调所有场所内的街道家具及装饰元素。这一原则同样适用于更大范围的城市空间。从这个角度上说,区域一体化工程实际上是解决在公共空间选择街道家具问题的一

126

① Le regolamentazioni e le progettualità preesistenti che sono state rispettate a livello comunale sono:la delibera di Giunta Comunale che stabilisce le aree d'uso soggette a diversi gradi di protezione per le occupazioni temporanee di suolo pubblico; il Regolamento sulla riqualificazione delle fasce commerciali dell'asse storico via Po – piazza Castello – piazza Vittorio Venento; il Regolamento per l'installazione di dehors stagionali e continuativi e successive modifiche, e il Piano Esecutivo del Traffico Area Centrale.

②③④ CAVAGLIA Gianfranco. Progetti Integrati d'Ambito a Torino:Complesso dei Murazzi del Po, via Giuseppe Garibaldi, Piazza Vittorio Veneto. Torino:Celid,2009:151-152

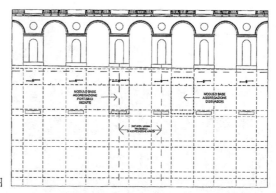

街道家具布置原则示意图

改造项目实施后效果图

图 5.33　街道家具布置原则示意图和效果图
资料来源: CAVAGLIA Gianfranco.
Progetti Integrati d'Ambito a Torino:
Complesso dei Murazzi del Po, via Gi-
useppe Garibaldi, Piazza Vittorio Vene-
to. Torino: Celid, 2009: 151-156.

种工具,而不是对其进行详细定义和设计的手段①。

　　总之,设计导则与其他相关城市法规共同起作用,共同引导具体的规划设计工作。例如关于"季节性连续使用的德豪斯"的城市法规 No. 287 是实施区域一体化工程必须参考的指令性文件②,导则的制定和实施都遵循该城市法规的规定,决定了这一法规的效力和地位。在项目整体规划文件中可以看出,与过去相比经区域一体化工程改造之后德豪斯所占用的公共空间与现在的商业活动及市民休闲活动显得更加和谐(图 5.34)。

　　(3) 广泛的公众参与

　　城市借此机会实现城市空间的复兴,不仅通过建筑改造工程来实现,更

　　①② CAVAGLIA Gianfranco. Progetti Integrati d'Ambito a Torino: Complesso dei Murazzi del
Po, via Giuseppe Garibaldi, Piazza Vittorio Veneto. Torino: Celid, 2009:152-157

图 5.34　维托里奥广场改造后

重要的是还建立了刺激市民行为的机制,从而形成了公众积极参与城市建设的良好机制,使市民真正成为城市的主人。这个机制通过与整个城市系统相协调的干预措施,保证了城市空间的复兴不仅仅与公共管理部门的工程项目相关,而更重要的是受人们日常行为活动所主宰。公共和私营部门共同协作实施干预措施,公共管理部门起草管理工具时,不仅仅简单地基于该区域的实际情况,还充分考虑和尊重那些私营业主和在此区域的工作者的需求。

此外,在具体设计过程中,区域一体化工程和城市法规 No. 287 都提出了弹性设计的原则,例如针对街道家具的选择,导则通过对颜色、尺寸和材料等元素的限定,而非对其外观进行详细的定义和设计。经营者可以在限定的范围内,自由选择家具的样式和颜色。由此既实现了区域内街道外观整体的统一性,又保留一定的差异性,丰富了城市景观,为市民、商贩和劳动者提供了参与城市空间复兴过程的渠道。

5.3　瓦伦蒂诺公园

5.3.1　历史演变

原来的瓦伦蒂诺公园被茂密的森林所覆盖,如今,经过长期的演变和改造,成为广受都灵市民喜爱的城市休闲场所。公园从国王大道(现在的 Vittorio Emanuele Ⅱ 大道)一直延伸到伊莎贝拉(Isabella)大桥,由植物园、瓦伦蒂诺城堡及其南北两侧的花园和中世纪村落组成(图 5.35)。这片"历

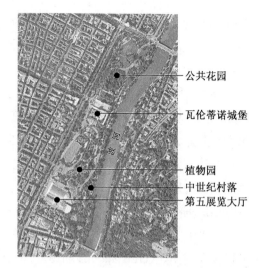

公共花园

瓦伦蒂诺城堡

植物园
中世纪村落
第五展览大厅

图 5.35　瓦伦蒂诺公园组成部分

史地段"是城市肌理中的一片绿地,尽管在形态上相对孤立,但却与周边地区和整个城市有着紧密的联系。与河流和山丘共生的瓦伦蒂诺公园从 19 世纪晚期到 20 世纪早期多次举办国家和世界博览会,期间大量运用和展出了各种世界先进技术①,公园因此而著称。经过多次博览会的推动,公园的规模不断扩大,公园内的基础设施和服务设施也不断改善,不仅推动了公园的建设,带动了这一区域的整体复兴,还刺激了整个区域的城市化进程。

（1）公园的起源

瓦伦蒂诺公园历经数百年的演变,水一直是促进与完善公园和城市联系的动力②。14 和 15 世纪的文献中已经有关于瓦伦蒂诺人工灌溉系统

---

①　Connotati dell'una l'arditezza tecnica, dell'altro il romanticismo formale, in simbiosi col fiume e la collina, e le periodiche esposizioni nazionali e internazionale che vi erano ospitate. Accadeva tra l'ultimo quarto del secolo XIX e inizio Novecento. VIGLIANO Giampiero. Il "parco pubblico storico" nella città// BARRERA Francesco, COMOLI Vera, VIGLIANO Giampiero. Il Valentino, un Parco per la Città. Torino: Celid, 1994: 14

②　L'acqua è il filo conduttore delle trasformazioni che il Valentino ha subito nei secoli, il legame dell'area con la città: il fiume, la "Bealera del Valentino" e la rete di canali ad essa connessi, trasformandosi, hanno modificato il territorio e, in particolare, il disegno di questa specifica sua porzione, interagendo anche con le mutazioni e gli ampliamenti della città-capitale. AINARDI Mauro Silvio, LUCCHESI Alessandra, PALMIERI Luisella. L'uso del territorio dal XV al XIX secolo// BARRERA Francesco, COMOLI Vera, VIGLIANO Giampiero. Il Valentino, un Parco per la Città. Torino: Celid, 1994:32

"Bealera"的记录，源自"Ficca of Pellerina"，灌溉着整个瓦伦蒂诺地区的草地[①]。纵观整个 15 世纪，这片地区的空间结构主要由河流和灌溉系统主导。

16 世纪在河边建造的别墅更加强化了这片区域与城市的联系。这个别墅是坐落在城市郊区的一座宫廷建筑，在随后的一段时间内因多次吸引政治家举办盛大的宫廷聚会而享誉盛名。这是瓦伦蒂诺地区波河岸边出现的第一个建筑元素，在接下来的几个世纪里经历了多次改造，其周边的区域环境也相应的发生了改变。乡村体系逐渐开始演变为密集的农业活动体系，这时期周围布满了兴旺的农庄、果园和森林[②]。

17 世纪早期，另一个重要的建筑元素圣·萨尔瓦里奥(San Salvario)教堂建成。博埃托(Giovenale Boetto)1640 年的版画就描绘了以下场景：一条两边种满榆树的林荫大道［现在的马可尼(Marconi)大街］联系着波河左岸的别墅与教堂[③]。17 世纪城市的第一次扩张修筑了连接城市和该别墅的乡村道路，两边种有成排的行道树，显示了城市向瓦伦蒂诺区域延伸的过程(图 5.36)。这个别墅后来改造成法国风格的气势宏伟的宫廷建筑(今天的瓦伦蒂诺城堡)，为维托里奥·阿梅迪奥国王(Vittorio Amedeo)的妻子克里斯蒂娜(Christina，法国人)而建[④]。1640 年围攻都灵事件导致瓦伦蒂诺地区被军队占领。1663 年克里斯蒂娜的去世结束了瓦伦蒂诺城堡用做宫廷休闲场所的时代[⑤]。

波河左岸瓦伦蒂诺城堡以北的区域在 17 世纪末仍然是一片树林。1700 年 7 月有法令提出在此设置铁圈游戏场，由此这片区域变成供市民休闲娱乐的场所。18 世纪早期，乡村道路开始转变成车行道，同时交通环岛开始在交

130

① Dai primi documenti consultati (secoli XIV e XV), si ha già notizia della "bealera" del Valentino, derivata dalla "bealera" del Martinetto con origine dalla "Ficca della Pellerina", che in corrispondenza di S. Salvario si ramifica in tre bracci: … che servivano i "prati del Valentino".

②③④⑤ BARRERA Francesco, COMOLI Vera, VIGLIANO Giampiero. Il Valentino, un Parco per la Città. Torino: Celid, 1994:33-34

图 5.36　1650 年的一张油画(私人收藏)

此时城市距离波河还有一定距离,瓦伦蒂诺城堡在城市的东南方向,滨波河而建,一条大道显示出瓦伦蒂诺区域与都灵城的联系。由此可见,从这个时期开始,波河对于城市的作用逐渐凸显。

资料来源:DAPRA Claudio, FELISIO Piero. Il Parco del Valentino. Torino:Kosmos, Copyr, 1995:32

通系统中出现,灌溉系统也根据交通系统做了相应的调整和更新①。1730 年代,城堡东北的植物园及其园内主要建筑的修建(1729)丰富了区域内的建筑元素②。随着城堡失去了宫廷休闲与居住的功能,其周边区域渐渐衰败,需要被赋予新的功能才能重新得以繁荣。1760 年,埃马努埃莱三世国王(Carlo Emmanuele III)建议在这座建筑内设置一个解剖博物馆和一个自然历史和古迹博物馆。1799 年有人提出要在此设置一个天文台和一个气象物理观测台,但最终都未能实施。虽然这些提议都没有实现,但是这片区域功能的转变使其彻底失去了农业特性,农舍以及象征农业制度的特征逐渐消

---

①　Nel sistema delle comunicazioni le strade rurali cominciano a trasformarsi in viali. [...] Nei primi anni del XVIII secolo i riferimenti cartografici sono costituiti dalla Carte de la montagne, antecedente al 1702, e dalle numerose carte redatte in occasione dell'assedio francese di Torino del 1706. Dall'analisi di tale documentazione si è potuto constatare l'ulteriore evolversi del sistema viario: compaiono i Rondò, il viale del Pallamaglio, le due allee che uniscono la residenza del Valentino alla Porta Nuova e alla chiesa di S. Salvario, raddoppiate nei filari alberati. Anche il sistema irriguo è modificato in funzione del sistema viario.

②　BARRERA Francesco, COMOLI Vera, VIGLIANO Giampiero. Il Valentino, un Parco per la Città. Torino: Celid, 1994:34,35

失。之后一个锯木工厂在波河岸边建成，这是瓦伦蒂诺地区出现的第一种生产性活动①。

19世纪城堡最重要的变化就是军事防御工事系统的彻底消除。一座兽医学校坐落于城堡，整个地区似乎成为自然科学的研究中心。少数几幢遗留下来的村舍被改为实验室，锯木工厂也变成了造纸厂②。就在这几年间，城市建设委员会开展了一系列的工程项目来推动瓦伦蒂诺区域的整体升级。19世纪上半叶一个名为里帕里（Ripari）的风景园林式花园（1834—1837）建成③，作为城市的公共花园，第一次从本质上将绿色空间融入城市环境中（图5.37）④。

（2）"公共公园"的探索

都灵对于"公共公园"的需求在法国人统治时期就已出现。自从拿破仑

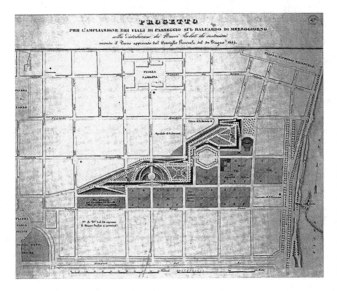

图5.37　里帕里公园平面设计图，1834

资料来源：Progetto. per l'Ampltazione dei viali di Passegio sul Baluardo di Mezzogiorno. Torino, ASCT, Tipi e Disegni, 40-2-23//COMOLI Vera. Torino. Roma, Bari: Laterza, 1983：140

132

①② BARRERA Francesco, COMOLI Vera, VIGLIANO Giampiero. Il Valentino, un Parco per la Città. Torino: Celid, 1994:34,35

③ COMOLI Vera, ROCCIA Rosanna. Torino Città di Loisir: Viali, Parchi e Giardini tra Otto e Novecento. Torino: ASCT, 1996: 9-19

④ BEFFA Maria Teresa Della. The Park Between Science and Nature// CLAUDIO Daprà, PIERO Felisio, DARIO Lanzardo. Il Parco del Valentino. Torino: Capricorno, 1995:24

拆除了防御工事系统，整个城市开始投入到推动城市规划和城市景观美化的进程中。有人提议为市民建造一个用于休闲漫步的花园和公共空间。针对这一需求还有许多其他建议提出，虽然都没有施行，但对于后来选择方案，保持公园的公共性直到最后瓦伦蒂诺公园的建设都产生了重要的影响①。1850年，瓦伦蒂诺区域的土地和建筑物捐赠给国家，这一事件具有决定性意义，使这片地区成为国家的财产。随即市政府便决定在城堡和国王大道之间的区域建一个新的瓦伦蒂诺公园②。

1855年，城市顾问戴尔邦得（Delponte）对市长表达了他的想法："您的都城应该建设一个与城市内部建筑一样漂亮、同其他地区一样宽敞的公共公园，以成为最富有、最美丽的欧洲都城。"③同年1月3日举行的城市建设委员会会议第一次针对实际工程的设计提出了具体的目标，即建造一个英国式园林，也就是所谓的风景园林式公园，外面设围墙，不允许夜间使用④。

在众多设计方案中，克特曼（Jean-Baptiste Kettmann）的方案得到了广泛的认可，在他的设计中，风景式园林的元素主要表现为：观景平台用于观赏河流和山丘景色、湖泊、中央小岛，小岛与陆地由小桥和台阶相连，另外还有瀑布和喷泉；同时设计中还表现出皇家园林的特征，主要表现为：步行道与车行道分离，大量使用大小不一且有韵律交替布置的花坛。所有这些特征构成风景式园林和皇家园林有机的统一，因此既能满足市政部门的需求，同时能更容易被都灵市民所接受（图5.38）⑤。

---

① GE' Luciana. Periodo 1850—1860// BARRERA Francesco, COMOLI Vera, VIGLIANO Giampiero. Il Valentino, un Parco per la Città. Torino: Celid, 1994: 40

② AINARDI Mauro Silvio, LUCCHESI Alessandra, PALMIERI Luisella. L'uso del Territorio dal XV al XIX secolo// BARRERA Francesco, COMOLI Vera, VIGLIANO Giampiero. Il Valentino, un Parco per la Città. Torino: Celid, 1994:35

③ "E la vostra Capitale, o Signori, non manca propriamente d'altro che il pubblico giardino, grandioso proporzionato alla bellezza dei suoi edifizi, ed all'ampiezza degli altri suoi commodi, per diventare la più agiata, la più bella Capitale d'Europa."

④ GE' Luciana. Periodo 1850—1860// BARRERA Francesco, COMOLI Vera, VIGLIANO Giampiero. Il Valentino, un Parco per la Città. Torino: Celid, 1994: 41

⑤ FELISIO Piero. Utility and Beauty: The Public Promenade in the Valentino Gardens// CLAUDIO Daprà, PIERO Felisio, DARIO Lanzardo. Il Parco del Valentino. Torino: Capricorno; Kosmos, 1995: 13

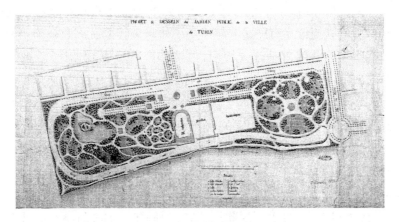

图 5.38　都灵城公共公园方案设计，5-12-1854
资料来源：Torino, ASCT, Tipi e Disegni, 5-1-33

　　但为了平衡其他紧急市政工程的财政负担，克特曼的规划最终被放弃了。1857 年底，市文化局提出了一个相对简单的方案，即建一个大的"绿色地毯"，花园四周围被乔木和灌木环绕，并与现存道路分离①。这个方案最主要的特征就是极其简约的设计风格带来了很强的可实施性，实施项目的整个支出可以控制在 40 000 里拉以内，而且满足了观看波河对面山丘的视线自由不受遮挡的要求，因此得以顺利通过。在实施过程中这一方案又被进一步简化，1858 年这个区域几乎完全被一个大花坛所占据，几条支路连接花坛与周边的道路②。

　　（3）公园的建设

　　关于如何建设瓦伦蒂诺公园的问题被讨论过许多次，始终都没能得到一个最佳的解决方案。自从 1861 年都灵成为意大利的首都以后，公园的建

134

　　①　FELISIO Piero. Utility and Beauty：The Public Promenade in the Valentino Gardens//
CLAUDIO Daprà, PIERO Felisio, DARIO Lanzardo. Il Parco del Valentino. Torino：Capricorno；
Kosmos，1995：42-43

　　②　l'area è quasi completamente occupata da una sola grande aiuola principale, mentre viottoli
secondari si dipartono da questa e consentono il collegamento alle altre aiuole e ai viali che cingono il
giardino. FELISIO Piero. Utility and Beauty：The Public Promenade in the Valentino Gardens//
CLAUDIO Daprà, PIERO Felisio, DARIO Lanzardo. Il Parco del Valentino. Torino：Capricorno，
1995：43

设理念又一次发生了转变,此时需要的是一个更壮观、更宏伟的公园①。法国首席园艺家德尚(Jean-Pierre Barillet-Deschamps)被任命为该工程的负责人,他的助理阿尔方德(Jean Charles Adolphe Alphand),第二帝国时期法国大公园的建造者,也具有相当的声誉和权威②。

德尚提议将公园放在一个更大的整体规划中考虑,包括城市南部瓦伦蒂诺和里帕里公园以外的整个波河流域范围,目的是将植物富有生命力、活力的装饰特性整合到城市设计中去。根据当时流行的趋势,设计参考的模型是风景式园林,但同时还带有城市公园的特征,使其最终呈现出的形象与城市景观完全相反,可以为市民提供一个日常生活之余消遣、娱乐的地方③。实际上,这位法国职业园艺师的设计满足了城市管理部门的全部要求。

1863 年,都灵市政府再次征询德尚的意见制定最后的草案。不同于以往的是,设计的限制条件界定得更加明确。这次详细的设计仅覆盖城堡以北的部分,因为此时市政府尚没有征得南部的土地。而且本次设计不包括植物园的范围,仅仅将其围墙替换成栏杆。由于控制成本的要求,任何改变地形和重组绿地的工程被严格地限制到最少甚至削减④。

公园第一部分的建成完全改变了瓦伦蒂诺地区原有的秩序,以前的人工灌溉水渠、农舍、乡村和农田的道路都被拆除。交通系统也经历了重大的变化:拆除了原来连接新门和瓦伦蒂诺城堡的道路;维托里奥广场建成,与维托里奥大桥连为一体,并通过沿穆拉兹河堤的凯罗利(Cairoli)大道与国王大道相连;此外,相邻地区的铁路和新门火车站也开始建设⑤。

瓦伦蒂诺公园最初被定义为风景园林式公园,但由于其一直处于不完整的状态,它的建设不断推迟,直到最后公园的定位发生了改变。从 1870 年

135

---

① La rinnovata attenzione della municipalità per il giardino del Valentino, a partire dal 1860, deve essere riferita al quadro di crescente interesse nei confronti dei problemi di decoro urbano, in relazione al ruolo di città-capitale del nuovo stato unitario. MAZZERI Antonio. Periodo 1860—1959// BARRERA Francesco, COMOLI Vera, VIGLIANO Giampiero. Il Valentino, un Parco per la Città. Torino: Celid, 1994: 44,14

②③④⑤ MAZZERI Antonio. Periodo 1860—1959// BARRERA Francesco, COMOLI Vera, VIGLIANO Giampiero. Il Valentino, un Parco per la Città. Torino: Celid, 1994: 44,14

开始,市政府征得了瓦伦蒂诺城堡南部的土地,并下决心完成其建设工作。他们将此项工作委托给致力于城市园林和种植工作的城市顾问桑拜(Count Ernesto Bertone di Sambuy)。作为主要负责人,桑拜成功地引入用于休闲和体育活动的设施,重新赋予了这座公园以活力,直接影响到公园在城市中功能的变化①。

如此建成的瓦伦蒂诺公园从美学上和功能上都表现出 19 世纪"公共公园"的面貌。城堡北部特有的景观元素,以一种美学的形式呈现,是呈现统一建筑群面貌的城市肌理中的一颗"花样新奇的宝石";而南部则基本忽视美学的因素,更加注重健康、娱乐等实际功能,被建造成市民的绿色活动场所。公园内部道路将两者统一起来,突出了那个时期城市"公共公园"中道路的"循环"作用②。

(4)公园的演变

作为意大利为数不多的历史公共公园之一,由于其地理位置的优势(公园位于郊区又靠近新门火车站)及其与波河的密切关系,19 世纪末至 20 世纪初在此举办了多届国家和世界博览会③。1884 年开始的大博览会时代,没有改变公园内的整体设计,但出现了许多新的内容和标志物,丰富了公园的形象,由此公园不断快速演变④。这期间,公园被重新修整,同时由于它是大博览会的中心,瓦伦蒂诺公园的价值也相应得到提高(图 5.39)。

136

---

①② MAZZERI Antonio. Periodo 1860—1959// BARRERA Francesco, COMOLI Vera, VIGLIANO Giampiero. Il Valentino, un Parco per la Città. Torino: Celid, 1994:45

③ Infatti, analogamente a quanto accadeva in altri paesi, a causa della localizzazione a quel tempo in periferia e alla vicinanza della stazione ferroviaria di Porta Nuova, di recente costruzione, nel Parco del Valentino ebbero periodicamente sede le esposizioni. GARUZZO Valeria. Dall' Esposizione del 1858 a Torino Esposizioni//BARRERA Francesco, COMOLI Vera, VIGLIANO Giampiero. Il Valentino, un Parco per la Città. Torino: Celid, 1994: 50. Also see. Questo diviene sede per le esposizioni: nel 1884 accoglie la prima Esposizione Nazionale Italiana, nel 1898 l'Esposizione Generale Italiana, nel 1911 l'Esposizione Internazionale, nel 1928 nuovamente l'Esposizione Nazionale Italiana, ecc. FRACCHIA Beatrice Maria. Le politiche della città e l'Ambito di analisi// CORNAGLIA Paolo. Parchi Pubblici, Acqua e Città : Torino e l'Italia nel Contesto Europeo. Torino: Celid, 2010: 117

④ MAZZERI Antonio. Periodo 1860—1959// BARRERA Francesco, COMOLI Vera, VIGLIANO Giampiero. Il Valentino, un Parco per la Città. Torino: Celid, 1994:46

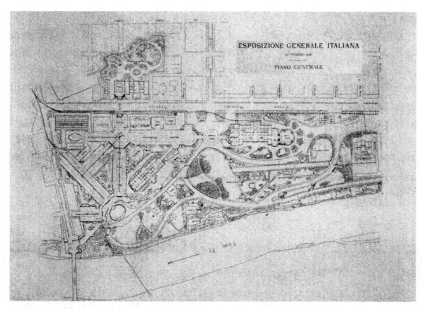

图 5.39　1884 年世界博览会总平面图
资料来源：BASSIGNANA Pier Luigi. Il Valentino, un Luogo del Progresso. Torino：Centro Congressi Torino Incontra, Copyr, 2004：34

　　现在仍能看到许多博览会遗留下来的建筑物和构筑物，标志着公园自北向南发展的过程。每一个大事件都留下了具有标志性的东西。1884 年全国第一届博览会召开时，由安德雷德（Portugese Alfredo d'Andrade）和布雷达（Riccardo Brayda）设计的带有中世纪风格的村落（Borgo Medioevale）建成（图 5.40）；1898 年全意大利博览会之后，塞皮（Carlo Ceppi）设计的十二月喷泉和公民卫队社保留下来；1902 年现代装饰艺术国际博览会之后，由卡兰德拉（Davide Calandra）创作的奥斯塔公爵萨沃依（Amedeodi Savoy）的雕像保留下来，此外还建成了一条源自米莱方第（Millefonti）穿过尼扎（Nizza）大街、但丁（Dante）大道和提埃坡罗（Tiepolo）大街的水渠，为下游的十二月喷泉提供水源，也用于周边地区建筑的主要供水水源①。

---

　　① GARUZZO Valeria. Dall'esposizione del 1858 a Torino Esposizioni// BARRERA Francesco, COMOLI Vera, VIGLIANO Giampiero. Il Valentino, un Parco per la Città. Torino：Celid, 1994：50-59

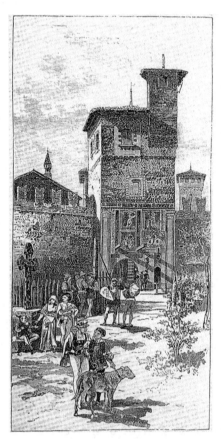

图 5.40 安德雷德和布雷达设计的中世纪村落和城堡

资料来源：CLAUDIO Daprà, PIERO Felisio. Il Parco del Valentino. Torino: Kosmos, Copyr, 1995: 42

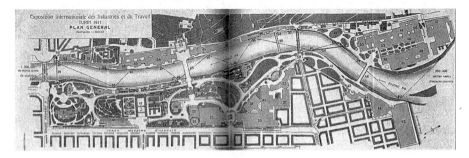

图 5.41 1911 年世界博览会平面图

资料来源：BASSIGNANA Pier Luigi. Il Valentino, un Luogo del Progresso. Torino: Centro congressi Torino Incontra, Copyr, 2004: 106-107

1911 年的世界博览会对于瓦伦蒂诺及其周边城市区域的发展起到了重要的影响作用(图 5.41)。鉴于此次博览会的重要性,需要有一个更广阔的区域,因此建设范围扩展到莱·翁贝托(Re Umberto)大桥至皮洛内托(Pilonetto)村之间的波河两岸区域和瓦伦蒂诺城堡北部的公园,波河右岸第一次被用作博览会的用途[①]。这种情况大大地促进了更大范围的城市化进程:各项主要基础设施建成,形成未来城市扩张的基础;莱·翁贝托大桥和伊莎贝拉大桥之间的波河两岸的堤岸工程完工;左岸修筑伽利略(Galilei)大道,通过穿越但丁大道的隧道连接公园;马西莫·德里奥(Massimo d'Azeglio)大道继续延伸至原来的城市收费站(现在的 Bramante 大道)[②]。

　　瓦伦蒂诺公园于 1947 年 10 月 29 日被列入城市的自然景观名录并加以保护,自 1948 年最后一届博览会之后,已不再适合举办这种博览会[③]。然而,瓦伦蒂诺公园并没有失去它原来的功能,相反,都灵展览中心和地下第五展览大厅的建成更加增强了其博览功能。瓦伦蒂诺公园原来是城市的最外边缘,后来成为城市中的绿洲,是城市的重要组成部分,现在公园向南延伸,被赋予更多的功能,例如运动、休闲等,是城市的天然氧吧[④]。1961 年,正值意大利统一百年国庆之际,由皮埃蒙特大区园艺协会主席拉蒂(Giuseppe Ratti)主持的一场名为 Fior 61 的大型国际花卉和植物博览会在第五展览大厅举办。这个时期建成了周围的玫瑰花园、岩石花园和喷泉及其照明设施[⑤]。

①②③④　GARUZZO Valeria. Dall'esposizione del 1858 a Torino Esposizioni// BARRERA Francesco, COMOLI Vera, VIGLIANO Giampiero. Il Valentino, un Parco per la Città. Torino: Celid, 1994:52-54

③　Dopo l'ultima esposizione ivi tenutasi nel 1948, il Valentino, ormai annoverato nell'elenco delle bellezze naturali da tutelare sin dal 29 ottobre 1947, non era più da ritenersi adatto per tali manifestazioni; così nel 1948, il Sovrintendente Mesturino, rammaricato perché non avvertito dell'improprio utilizzo del parco dal comitato dell'esposizione, ricordava i vincoli a cui era stato sottoposto questo bene ambientale.

④　In tempi recenti, il Parco del Valentino, dapprima estrema periferia della città e poi piccola oasi verde in essa inglobata, ha esteso verso sud le funzioni più consolidate, quelle espositive e quelle sportive, proseguendo idealmente fino a Millefonti negli impianti di "Italia 61", in stretta relazione al fiume.

⑤　BEFFA Maria Teresa Della. The Park Between Science and Nature// CLAUDIO Daprà, PIERO Felisio, DARIO Lanzardo. Il Parco del Valentino. Torino: Capricorno Kosmos, 1995:25-26

都灵的各届博览会见证了瓦伦蒂诺公园从设计到建成的历史进程,决定了公园及其中建筑的主要特征。虽然时间短暂,这些国内、国际事件影响了园区的增长,刺激并推动了该城市区域的更新。事实上,这些事件也导致并促进了更大范围区域的城市化进程,改善了基础设施和服务,确定了城市增长的方式,调动了购买和使用土地的积极性并推动影响总体规划形成和修订的实践活动①。

5.3.2 特征分析

毫无疑问,作为 19 世纪意大利公共公园的先锋,瓦伦蒂诺公园以其建筑和街道家具的风格和品质、种类丰富配植合理的地方植被等特征,构成了都灵市重要的环境和文化资源②。今天的瓦伦蒂诺公园是一个富有内在历史景观和环境价值的地方③。

发展之初,它位于城市的荒郊野外,除人工灌溉系统外少有人工的痕迹。后来随着瓦伦蒂诺城堡的建成和城郊大道的开通,这片滨水区域与城市中心逐渐产生联系,继而公园的景观价值和生态价值逐渐被人们发现,娱乐场地开始出现在公园中。维托里奥广场和穆拉兹河堤的建成,将瓦伦蒂诺公园与城市中心紧密地联系在一起,同时城市滨河景观带也正式形成规模,河流成为城市中必不可缺的景观元素。进入大博览会时代,每一届博览会不是在公园中进行地毯式的更新和重建,而是在现有基地上进行调整和增建,由此今天在公园中仍能看到不同时期的标志物,可以看出公园有机生长的痕迹。更难能可贵的是,公园并没有因现代城市的土地扩张而逐渐硬质化,而是一直保持着原有的绿色特征,从图 5.42 可见公园大部分区域被郁郁葱葱的植被覆盖。

---

① GARUZZO Valeria. Dall' esposizione del 1858 a Torino Esposizioni// CLAUDIO Daprà, PIERO Felisio, DARIO Lanzardo. Il Parco del Valentino. Torino: Capricorno. Kosmos, 1995: 50

② ZORZI Ferruccio. Quali Tipi di Intervento in un Parco Pubblico Storico? // BARRERA Francesco, COMOLI Vera, VIGLIANO Giampiero. Il Valentino, un Parco per la Città. Torino: Celid, 1994: 110

③ LONGO Salvatore. Considerazioni dul tema// BARRERA Francesco, COMOLI Vera, VIGLIANO Giampiero. Il Valentino, un Parco per la Città. Torino: Celid, 1994: 92

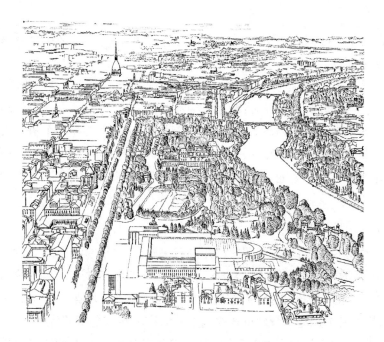

图 5.42　瓦伦蒂诺公园，1992

资料来源：DAPRA Claudio，FELISIO Piero. Il Parco del Valentino. Torino：Kosmos，Copyr，1995：19

5.3.3　存在的问题

由于举办博览会时的过渡使用、第二次世界大战期间缺乏监管和近年来的使用不当，近年来瓦伦蒂诺公园的美学价值及其内部的植物群落都受到了不小的损害。目前最明显的问题，可以概括如下[①]：

① 近年来，公园广泛用于休闲、体育比赛、展览、表演、街头售卖等活动，这些活动有时相互冲突，尽管 1990 年代以来活动的强度大大减小，但过度、无序的使用仍影响着公园本来就脆弱的生态系统。

② 由于停车设施的缺乏，公园的地面公共空间被社会车辆占据，从而导致进入公园的流线被停车场阻断，行人无法方便快捷地进入公园以及滨河

---

① BOVO Gabriele. La gestione di un Parco Storico Urbano：il Valentino// BARRERA Francesco，COMOLI Vera，VIGLIANO Giampiero. Il Valentino，un Parco per la Città. Torino：Celid，1994：114-116。本段内容根据以上资料整理。

区域。

③ 公园内景观及街道家具等构筑物缺乏例行保养,很多维修及修复工程进展阻力较大。

究其原因,主要是有过多的内部和外部职能部门管理和控制公园的运营,而这些管理部门之间的目标往往相互冲突,这样显然不利于理性地思考公园管理模式和在园内举办各类专业活动,缺少一个人或一个机构统一负责协调各项管理,同时缺乏一个针对公园保护和利用的管理法规或规划,来制定和执行与历史公园类型相一致的目标,限制那些影响公园正常使用的因素。

5.3.4　保护更新策略

针对这些问题,城市管理部门并没有采取激进的态度,重新勾勒一个完美的图景,改变公园衰败的景象,而是遵照公园自然演变、自然更替的特征,对公园实施必要的保护措施,这些措施是区域内外多项保护工作的集合①。同时,管理者更加注重管理方式的调整和城市法规及导则的完善,旨在从根本上排除公园更新发展的障碍,从而保护并提升它作为独特的城市历史和环境遗产的价值②。

（1）公共空间系统

1）功能组成

瓦伦蒂诺公园不仅仅是市民日常休闲活动的场所,还混合了许多其他功能,例如第五展览大厅菲亚特汽车博物馆,常年展出菲亚特公司的历史沿革和技术发展,此外还有一系列小型展厅可以接纳临时性展览;瓦伦蒂诺城堡如今是都灵理工大学建筑与城市学院,该院学生平时在此学习和交流;水滨的皮划艇俱乐部沿用至今,俱乐部的成员和学生们定期在此训练;此外还有依水而建的酒吧,成为都市夜生活的焦点,酒吧非营业时间还会在此定期举办二手货交易市场等民间自发组织的活动。

142

---

① BARRERA Francesco, COMOLI Vera, VIGLIANO Giampiero. Il Valentino, un Parco per la Città. Torino: Celid, 1994:114

② VERNETTI Gianni. Il parco del Valentino e il progetto Torino città d' acque// BARRERA Francesco, COMOLI Vera, VIGLIANO Giampiero. Il Valentino, un Parco per la Città. Torino: Celid, 1994:106

2）交通系统

改造前的瓦伦蒂诺公园被交通问题所困扰。随着快速的城市化进程，由于城市停车设施的缺乏，大量社会小汽车占据了公园的地面公共空间，不但严重影响了公园的景观，还阻断了行人进入公园的路线。为了解决这个问题，政府启动了一个改、扩建项目，在第五展览大厅的地下一层修建了一个能容纳650辆汽车的地下停车场，成功地梳理了地面车行流线，避免了地面车辆的进一步蔓延，缓解了地面交通压力，从而使城市中心方向的人群可以顺利地进入公园并到达波河河滨区域，保障了区域内步行环境安全性、连续性和舒适性①。此外，公园内部分道路允许车辆进入，但通过道路的形态设计来控制车速，从而营建人车和谐的交通环境。

3）开放空间

瓦伦蒂诺公园原来是城市的边缘，现在成为城市中的绿洲，是城市中重要的组成部分。自然演变过程中公园内的绿地空间系统被完整地保留下来，今天的瓦伦蒂诺公园成为市民休闲、娱乐、学习、游览、展览、运动的重要场所②。

人们都希望寻求新的刺激、新的活动、新的环境，以满足其多样化的心理需求。一个人若长时间重复同样的活动就会感到疲劳乏味。瓦伦蒂诺公园空间环境设计不仅提供了多功能、多内容、多形式的活动空间与设施，而且还着重营造趣味性、知识性和独特的空间品质，使活动其中的人们持续保持新鲜感和兴奋感。公园由不同的区域组成，各区域对应相应的活动主题：有的是大面积的草地，有的是宁静的花卉庭院，有的是多变的游戏场地，也有的是体育运动场与绿地的结合。在这里各种人群都可以找到适宜的活动场所。整个公园围绕绿地、河流和文化做文章，大小主题相互辉映，相互协调，形成性格各异又具有整体感的活动空间。此外，公园内路灯、电话亭、休息凳等与人的使用直接相关的设施都以人的尺度为设计依据，塑造宜人的

143

---

① PALMAS Clara. Il Valentino non è un ritaglio della città// BARRERA Francesco, COMOLI Vera, VIGLIANO Giampiero. Il Valentino, un Parco per la Città. Torino：Celid, 1994：109

② GARUZZO Valeria. Dall' esposizione del 1858 a Torino Esposizioni// BARRERA Francesco, COMOLI Vera, VIGLIANO Giampiero. Il Valentino, un Parco per la Città. Torino：Celid, 1994：59

原有码头设施再利用

空间尺度,创造人性化的空间品质。

瓦伦蒂诺公园的滨水空间组织灵活,有的地方充分利用原有的古村落和码头设施并进行改造和更新使其适用于现代城市功能,有的地方新建了滨河的步道和自行车道,有的地方则从滨水建筑延伸出景观休闲平台一直伸到水面上,营造出丰富宜人的亲水空间(图5.43)。

新建滨河步道

伸到水面上的休闲平台

图5.43　瓦伦蒂诺公园的滨水空间

(2)景观风貌系统

1)建、构筑物

公园中的建筑都是特定时期城市发展的见证,随着时代的变迁逐步经历了功能转型。例如,瓦伦蒂诺城堡不仅仅是克里斯蒂娜(法)皇后的"宠儿",还是意大利统一前举办世界博览会的基地(图5.44),后来成为皇家工程师学校,如今是都灵理工大学建筑与城市学院的所在地(图5.45)①。

---

① VINARDI Maria Grazie, PALMIERI Luisella, ZERBINATTI Marco. Valentino. Carta tematica delle permanenze// BARRERA Francesco, COMOLI Vera, VIGLIANO Giampiero. Il Valentino, un Parco per la Città. Torino: Celid, 1994:96

1884年在波河边建成的带有中世纪风格的古村落如今成为博物馆,向人们展示着中世纪时期人们生产生活的方式,体现了水对于生产生活的直接影响。

图5.44　1858年世界博览会期间的瓦伦蒂诺城堡
资料来源:BASSIGNANA Pier Luigi. Il Valentino, un Luogo del Progresso. Torino:Centro Congressi Torino Incontra, Copyr, 2004:10

图5.45　瓦伦蒂诺城堡现状照片

2) 滨河步道

　　公园范围内一条滨河步道联系绿地内曲折的小路和直接抵达河边的小路,构成有序的滨河步道系统,加上区域内健全的服务设施,打造出适宜人的滨水步行环境,使人们能自由地畅游其间。局部地区,尤其是步道与桥梁交叉的区域,步道的标高适当降低,变成一条直接临水的小路,与桥梁形成立体交叉,避免了滨河步道被桥梁打断的问题(图5.46)。

3)驳岸

水体运用的好坏,取决于它能否满足人们的亲水行为,提供高质量的近水边缘。瓦伦蒂诺公园是城市滨波河区域中自然特征最显著的地段,因此这片区域采用的是柔性结构驳岸,水体边缘的护岸保持原有自然柔性形态的湿地特征(图5.47)。这种驳岸既能防御洪水,又可以营造自然的亲水景观,同时也为水生动、植物提供适宜的生存环境。

图5.46 滨河步道与桥梁立体交叉　　**图5.47 柔性驳岸,水体边缘保持自然生态特征**

(3)自然生态系统

临水而生的植物、动物、微生物和土壤构成的自然湿地系统依靠其自然生态进化,对水体可以起到一定程度的净化作用。景观生态学特别强调维持和恢复景观生态过程的连续性和完整性,建构城市生态系统,有利于达到维护滨水区生态平衡的目标,促进城市整体环境的可持续发展。滨河地区是一个多元的人工生态系统,一个自组织、自调节的生态系统,滨水区的土壤、水体、植被、动物等自然生态因子以及促进滨水生态平衡的方式都是滨河地区保护更新中关注的重要内容。

关于保护滨河绿地的地方法规中强调了保护波河自然遗产(包括水生动植物及它们赖以生存的环境)、堤岸和滨水景观的必要性,其中包括对该地区的动物和植物物种的保护,从而保持水生动植物系统的完整性,并保护它们免受现代污染危险的侵害,还包括建立丰富的动物区系,有利于在城市中严重失去平衡的生态系统的再平衡①。城市滨水区不仅属于人类，也属于滨水而栖的动物和植物，瓦伦蒂诺公园在保护更新过程中着重保持动植物栖居的必要生态环境，保护水资源，并开辟生态廊道。开始于 1997 年的"绿色走廊"项目就是要在整个皮埃蒙特大区内建立贯通城市和郊区的生态廊道。

今天的瓦伦蒂诺公园内植被配置丰富，不同的植物物种通过合理搭配，统一协调植物的色彩和落叶期，使公园内部和滨水地区在一年四季都能呈现优美和谐的景观。良好的生态系统保障了动物的栖息环境不被破坏，使得水陆动物都得到了良好的保护，不仅水里的鱼、鸭子、天鹅，天上的鸟、鸽子，地上的松鼠、野兔等等和谐共存，而且还常常与过往的游人互动，营造出一个和谐的自然生态系统。

（4）历史人文系统

瓦伦蒂诺公园 1947 年 10 月 29 日被列入意大利自然景观保护区名录，自 1948 年最后一届博览会之后，整个公园区域不再用于举办这种博览会。然而，公园内两个标志性建筑都灵展览中心（图 5.48）和地下第五展览大厅的建成延续了公园原有的展览功能，历史上延续下来的展览活动仍然是公园内主要活动之一。

近年来公园环境的退化主要是由于过去几十年来在主要城市功能和土地使用方面的过度负荷超出了原本的设计范围。瓦伦蒂诺公园是城市滨河地区的一片自然景观，设计的初衷是将公园用于休闲、娱乐、学习、展览、家庭聚会和体育运动等市民休闲活动，然而近年来逐渐出现了一些不适宜的夜间活动和非法的街头售卖，甚至偶尔还会发生犯罪活动，这些问题极大地打击了市民对公园的兴趣，使得许多人对于公园的安全性失去信任，尤其是在夜晚由于市民活动的减少更加助长了犯罪活动的发生，大大

147

① SISTRI Alviero. La normativa per la tutela del verde pubblico: il caso di Torino// CORNA-GLIA Paolo, LUPO Maria Giovanni, POLETTO Sandra. Paesaggi Fluviali e Verde Urbano: Torino e l'Europa tra Ottocento e Novecento. Torino: Celid, 2008: 117-125

图 5.48　都灵展览中心

资料来源：CLAUDIO Greco. Pier Luigi Nervi: Dai Primi Brevetti al Palazzo delle Esposizioni di Torino, 1917—1948. Lucerna: Quart Edizioni, 2008: 32

威胁着公园的安全①。针对此问题，市政府试图通过一系列限制手段优化公园景观环境，完善基础服务设施，尤其是支持夜间活动的基础设施，整体规划与配置公园内功能设施，将人的活动分布在公园的各个角落和时间段，从而加强了公众监督，在充分保护行为多样性的前提下限制和减少不适宜的活动，减轻对公园造成的过度负荷②。此外，随着人们现代生活方式的变化，一些新的活动也逐渐出现在河边。依托地理位置的优势，一个皮划艇学校（俱乐部）坐落于波河岸边，学员们每周例行训练的场面成为波河上的一道风景，而每年春天还会在波河上举办皮划艇比赛，届时波河两岸人声鼎沸，前来加油助威的人群熙熙攘攘，挤满河道两侧。

---

①　CORSICO Franco. Problemi di Mobilità e accessibilità del parco del Valentino//CORNA-GLIA Paolo, LUPO Maria Giovanni, POLETTO Sandra. Paesaggi Fluviali e Verde Urbano: Torino e l'Europa tra Ottocento e Novecento. Torino: Celid, 2008:105

②　VERNETTI Gianni. Il parco del Valentino e il progetto Torino città d' acque//CORNA-GLIA Paolo, LUPO Maria Giovanni, POLETTO Sandra. Paesaggi Fluviali e Verde Urbano: Torino e l'Europa tra Ottocento e Novecento. Torino: Celid, 2008:106

经过治理的公园又恢复了往日的生机。在这里值得注意的是，公园的多种使用功能可以依据活动的时间和类型来划分：白天用作学习的场所和水滨体育协会（皮划艇俱乐部等）的活动及展览、展销会等商业活动的场所；夜晚用作市民参与文化、休闲活动和表演的场所；周末用于市民休闲、体育运动和家庭聚会等。由此公园的复合使用模式在空间和时间上得以完整的体现，真正使其多样性特征在时空范围内呈现。

5.3.5　策略实施的保障

（1）整体的规划管理

瓦伦蒂诺公园一直被视为公共区域或滨河地区城市绿化的主要组成部分，因此对它的保护与更新应该与更大范围的绿地系统统一为一个整体。城市绿地和更广范围领土内的生态资源之间的关系，实际上在制定发展和利用整体绿地系统的政策方面发挥着关键的作用。从这个意义上说，1990年代以来，都灵和皮埃蒙特大区发起了两项分别名为"滨水城市都灵"（Torino Città d'Acque）和"绿色走廊"（Corona Verde）的工程，其目的就是在都灵市区内建立一个公园系统。

"滨水城市都灵"项目1993年由城市建设委员会批准，旨在通过限定有利于河岸和城市区域环境保护的行为，形成由自行车道、步行道贯穿的与教育、自然、休闲等功能相协调的网络，从而建立一个大的绿地系统[②]。具体来说，这个项目的目标是沿波河、多拉河、斯图拉河和萨高萘河建立河滨公园系统，通过优化整合已经存在的公园（Vallere，Millefonti，Valentino，Colletta，Sofia Piazza，Isoione Bertolla，Lungo Po Antonelli，Pellerina）、无法接近的区域、严重退化的地区、与其预期使用用途不一致的区域（斯图拉流域、斯图拉河北岸、萨高萘河河滨和以前的动物园地区）和复兴的城市区域（穆拉兹河堤和多拉河河滨）建立一个独特的城市滨水环境系统（图5.49）。这些滨河区域曾经由于散落的工业区域和垃圾处理场及城市公园不恰当的使用而人迹罕至、难以接近。经过这个城市区域复兴项目，这些滨河区域重新回归城市，成为市民休闲运动的场所。在此背景下，瓦伦蒂诺公园因其历史和环境的特点代表着都灵天然河流系统的"中心"，在整个项目中处于核心地位。

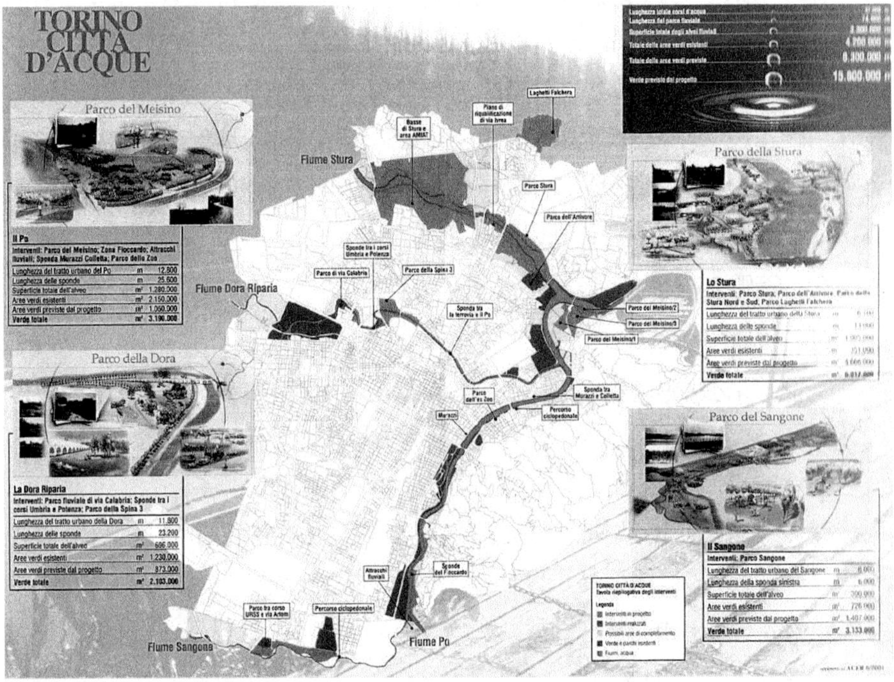

图 5.49 "滨水城市都灵"项目总平面图

资料来源：CORNAGLIA Paolo，LUPO Maria Giovanni，POLETTO Sandra. Paesaggi Fluviali e Verde Urbano：Torino e l'Europa tra Ottocento e Novecento. Torino：Celid，2008：108

　　"绿色走廊"项目开始于 1997 年，目的是建立一个均质的绿地系统，一个城市市区与郊区绿色空间的完整体系，以创建一条真正的绿带作为城市中心区域、市郊结合的自然区域和人口较稀少的郊区之间的过渡。这一绿带从都灵城市周围的山丘一直延伸到阿尔卑斯山麓峡谷入口处的保护区，这是一片带有复杂历史层次的区域，在萨沃伊家族宫殿周围的建筑和环境系统中有特殊的重要性。项目主要采取的干预措施是：一方面，重组生态区并保护生态区内生物的多样性和复杂性，主要通过对均匀分布在都灵市区的绿地系统的整合与再生，包括废弃和退化区域的再生、现有区域的保留和保护、新的环境区域的创建、生态廊道系统的保护和重建、新的保护区的创建、边缘和间隙区域的再生等；另一方面，通过重组自然空间和农业景观,恢复传统的环境友好型的土地利用模式①。

针对瓦伦蒂诺公园区域较为复杂的管理工作,本地管理部门进行了重组,有助于提高不同部门的协调统一运作,包括公共土地、绿地、桥梁、地下管网、排水系统、街道家具、照明、喷泉和纪念物以及三项有环保价值的公用事业(垃圾处理、水、能源)②。由此可见,重组的目标是改变碎片式管理方式并促进构成瓦伦蒂诺公园原始生态系统各部分之间的对话,旨在建立适当的条件保护和完善这块城市宝贵而独特的历史和环境遗产。

(2) 完善的法规导则

近年来,地方、大区和国家各级政策试图将城市中的公园看作一个系统,公园的保护和发展不再是单个元素,更重要的是它们之间的联系以及这些联系与城市系统的关系③。

目前关于保护自然遗产、波河河岸和滨水景观的地区法规④规定,波河滨水带系统应该制定区域规划,由专项规划工具管理。这个复杂系统的景观价值的保护和提升受《文化遗产和景观法》的制约,据此其景观、河道、堤岸、公园及河流毗邻地区都受到该法律条款的约束。2004 年 12 月 20 日都灵市议会通过决议批准的《建筑条例》(2005 年 3 月 1 日起开始实施)中指出,关于公共和私人公园及城市绿地的保留和保护,除须遵循国家和地区当前的法律法规外还应符合《佛罗伦萨宪章》中关于公共绿地这一复杂问题提出的原则。

都灵滨水公园系统的建立有利于保护城市绿色空间和波河、多拉河、斯

151

---

① BAGLIANI Francesca. Progetti in corso// CORNAGLIA Paolo, LUPO Maria Giovanni, POLETTO Sandra. Paesaggi Fluviali e Verde Urbano: Torino e l'Europa tra Ottocento e Novecento. Torino: Celid, 2008: 110

② VERNETTI Gianni. Il parco del Valentino e il progetto Torino città d' acque//CORNAGLIA Paolo, LUPO Maria Giovanni, POLETTO Sandra. Paesaggi Fluviali e Verde Urbano: Torino e l'Europa tra Ottocento e Novecento. Torino: Celid, 2008: 106

③ BENENTE Michela, DEVECCHI Marco, ODONE Paolo. Esempio di schedatura critica: l' area del Parco del Valentino// CORNAGLIA Paolo. Parchi Pubblici, Acqua e Città. Torino: Celid, 2010: 122

④ 当前的地区法律主要包括:由 L. R. 65/1995 修订的 L. R. 28/1990 和 2002 年 3 月 30 日批准的《波河流域保护区系统区域规划——都灵段》(Piano Area del Sistema delle Aree Protette dalla Fascia Fluviale del Po-tratto Torinese)。

图拉河以及萨高蒙河的滨水带,从这场"实验"中可以看出立法机构如何将城市公园作为一个"积极的法律工具"。1990年代以来,建立公园的目的往往通过使用一系列措施管理规划工具、设定利用水资源的规则和实施区域改造项目来促进该地区的改造和更新。关于建立波河河滨公园的法规中提出,受保护的地区①应该由一系列规划工具约束,如区域规划、规划实施细则和自然景观规划等。该法规还规定,从属于公园区域的行政区域必须授权和委托同一家机构来评判规划准则中各种干预手段是否和谐一致②。1995年波河河滨公园的地理边界有了明显的扩张,覆盖整个都灵地区的《波河流域保护区系统区域规划》(Il Piano d'Area del Sistema delle Aree Protette della Fascia Fluviale del Po)参考了L. R. 28/1990定义的《波河河滨公园区域规划》(Il Piano d'Area del Parco Fluviale del Po)中提出的执行规则,将这一区域划分为几个分区规划(i Piani Stralcio)(图5.50)。

图5.50 瓦伦蒂诺公园现状

资料来源:BARRERA Francesco, COMOLI Vera, VIGLIANO Giampiero. Il Valentino:un Parco per la Città. Torino:Celid, 1994:14-15

---

① 《波河河滨公园区域规划》(IL Piano d'Area del Parco Fluviale del Po) Art. 3.7.4,即"具体的景观和环境价值区域及元素",指出了需要被保护的区域。

② 波河的规划与其他干预手段共同起作用,其中包括:L. 183/1989通过的由水域管理局编写的《区域规划》(Piani Stralcio)、L. R. 56/1977第3条通过的由皮埃蒙特大区编写的《区域土地规划》(Piano Territoriale Regionale),L. 142/1990第15条通过的由都灵市编写的《土地协调规划》(Piano Territoriale di Coordinamento)及以《波河区域规划》(Piano d'Area del Po)为代表的保护区规划文件。

5.4 穆拉兹河堤

5.4.1 历史演变

1860年以来,城市建设委员会认识到上游的玛丽亚·特雷莎大桥(Maria Teresa)至下游的圣·毛里齐奥大道(San Maurizio)路口段波河左岸秩序的重要性,为此,市政府发起了一项工程,包括修建一条宽敞的滨河大道(现在的 Lungo Po Armando Diaz 大道)和沿整个波河左岸修筑防汛墙和堤岸,并建一个与滨河大道同高的大平台,从而形成了滨河大道与波河水平面之间的高差(图 5.51)[①]。但是此项目直到 1872 年才开始实施。1873—1877年维托里奥大桥至加富尔(Cavour)大街路口段建设完成,1880 年开始圣·毛里齐奥大道至玛格丽塔地区(Margherita)的大桥之间的防汛墙建成。从 1884 年开始,加富尔大街至玛丽亚·特雷莎大桥段开始建设,最终在 1911年世界博览会后建成(图 5.52)。

图 5.51 都灵穆拉兹河堤全景,1860
资料来源:Torino, ASCT, NAF, 13/01

153

---

① ASCT. Atti del Municipio, Seduta n. 9 del 4 Aprile 1860, § unico:120-121

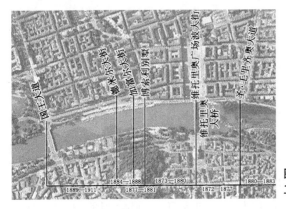

图 5.52　穆拉兹河堤工程分段示意图

（1）维托里奥大桥①下游段（1872—1877）

穆拉兹河堤工程开始于 1872 年，莫斯奇诺（Moschino）村庄的拆除和维托里奥大桥下游的圣·毛里齐奥大道第一部分的开通为工程的开始提供了契机。穆拉兹河堤工程各段都出自不同的目的，有的地方是为了修复被破坏的防汛墙和堤岸，而有的地方为了营造新的城市景观（图 5.53）②。

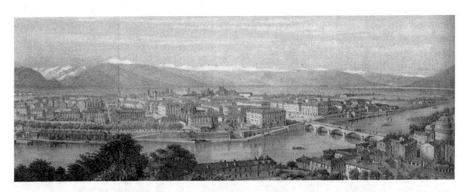

图 5.53　由工程师莫斯科（Moscow）设计的穆拉兹河堤项目完成后及为建设维托里奥广场拆除沿岸旧村落后城市左岸景象，约 1845

资料来源：Torino, ASCT, Simeom, D212, stralcio

修复工程与景观工程同步进行。为了城市卫生和城市美化的需求③，市政府决定拆除脏乱破旧的莫斯奇诺村庄，将这片市中心最美丽的地方归

154

---

① 原连接维托里奥广场和上帝之母广场之间的波河大桥经改造后正式更名为维托里奥大桥。

② ASCT. Atti del Municipio, seduta n. 8 del 10 gennaio 1872，§ 2：151

③ ASCT. Affari Lavori Pubblici, cart. 46, fasc. 2, n. 2 bis

还给城市,为了将新的工程纳入波河沿岸总体规划中,市政府决定在穆拉兹河堤与维托里奥大桥的连接部分修筑堤岸,并在波河沿岸修筑防汛墙①。

新的堤岸建在原有堤岸的延长线上,一直延伸到下游的佩斯卡托里(Pescatori)大街,并与现在的圣·毛里齐奥大道延长线相连,同时与那些连接上层滨河大道和下层滨河纤道的大台阶联系起来②。

新建的滨河纤道(alzaia③)大约设置在高于正常水位线 2 米的位置,整个堤岸包括护栏大约有 10 米高。为了抵抗土的侧推力,采用内部支撑和与拱廊相结合的横断墙来加强内部结构,由此堤岸上形成了一系列面向波河的房间(图 5.54)。这些房间延伸至整个波河左岸,可以出租给与滨河密切相

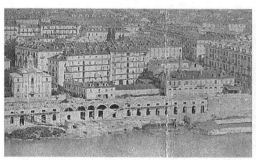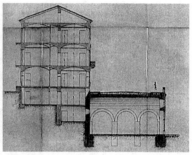

图 5.54　左图:1874 年穆拉兹河堤照片

从左边起分别为:博索利别墅,两层高的房子,拉娜(Giuseppe Lana)的房产(Tettoja),德瓦勒(Celestino Devalle)的房产(Opificio di Tintoria)

右图:建筑师罗拉(D. Rolla)设计的智高(Chicco)房屋的剖面方案(以前名为 Lana)

该图片显示了穆拉兹河堤的断面形式,利用道路与水面之间的高差形成面向波河的房间。

资料来源:Torino, ASCT, Gruppo IV, n. 342, stralcio

---

① ASCT. Giunta Municipale, verbale della seduta n. 18 del 13 gennaio 1872, § unico (in ASCT. Affari lavori Pubblici, cart. 46, fasc. 2, n. 1)

② EMILIO Gioberti. Abbattimento del Borgo del Moschino e costruzione di Murazzi — Deliberazione della Giunta e Relazione della Commissione Eletta dalla Giunta per Mandato del Consiglio comunale. Torino: Eredi Botta, 1872: 12 (in ASCT. Affari Lavori Pubblici — Settore Ponti Canali Fognature, cart. 34, fasc. 4, s. n.; ed anche ASCT. Miscellanea Lavori Pubblici, n. 129)

③ 名词 alzaia(源自拉丁语 helcium, giogo per tirare=拖船的工具和 helciarius, chi tira la barca=拖船的人)或者意指沿水道拖船的斜坡(又名 alzana),或者意指用于登船的滨河小路(或者滨河纤道)(引自:Institute of Italian Encyclopaedia. Dictionary of Italian Language, 4 vols. Rome: Treccani G, 1986: 143)

关的各个行业,例如像洗衣房这种需要连续使用干净水源的行业就是非常有代表性的一类①。

(2)维托里奥大桥上游至博索利别墅(Bossoli)段(1873—1880)

从1873年6月起,当维托里奥大桥下游拆除古村落的工程接近完工时,新穆拉兹河堤的滨河纤道开始铺筑,市政府开始讨论将大桥上游的堤岸延伸到医院(Ospedale)大街,即今天的焦利蒂(Giolitti)大街(图5.55)②,只有这样才能通过沿波河的滨河大道与维托里奥广场联系起来。随着工程的实施,又可以借助堤岸的高差创造出800多平方米的房间,同样适用于公共洗衣房及仓储等功能③。

项目原来只计划沿波河上游从已有的堤岸至博索利别墅建一段堤岸,

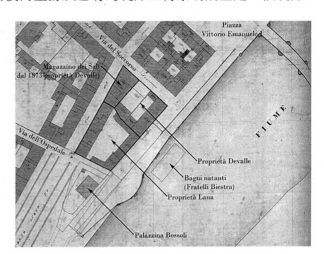

图5.55 博索利别墅区域社区平面图
资料来源:Torino, AST, Stralcio e Rielaborazione Grafica

156

① EMILIO Gioberti. Abbattimento del Borgo del Moschino e Costruzione di Murazzi — Deliberazione Della Giunta e Relazione Della Commissione Eletta Dalla Giunta per Mandato del Consiglio comunale. Torino: Eredi Botta, 1872: 13-14 (In ASCT. Affari Lavori Pubblici — Settore Ponti Canali Fognature, cart. 34, fasc. 4, s. n.; ed also ASCT. Miscellanea Lavori Pubblici, n. 129)

② ASCT. Affari Lavori Pubblici, cart. 54, fasc. 8, n. 5, Lettera del Signor Giuseppe Lana al Sindaco, 21 Fabbraio 1873

③ ASCT. Giunta Municipale, verbale della seduta n. 44 del 4 giugno 1873, § 3 (In ASCT. Affari Lavori Pubblici, cart. 54, fasc. 9, n. 2)

而并没有考虑到修建一些大台阶来解决滨河纤道和滨河大道之间的高差①。项目在实施的过程中不断修改。从最终实现的工程中可以看出,九个拱廊之后有一段凸出的部分,由一对壁柱和一组大台阶构成,可能是为了与维托里奥大桥下游已建成的大台阶形成呼应。大台阶作为公共空间,为来自城市的人流接近堤岸上的房间提供了便利的垂直联系,这些房间后来多用于公共洗衣房及沿岸的商业活动(图5.56)②。

图 5.56 第一段堤岸建成后波河左岸景象,约 1875
资料来源:Torino, ASCT, Collezione Simeom, D230

(3) 新建穆拉兹河堤与维托里奥广场的连接(1875—1877)

当接近维托里奥广场段的穆拉兹河堤施工完成后,还需要一些工作来保证纳皮奥奈(Napione)大街和沿波河的滨河大道的开通,不仅需要建造新的道路,还必须将维托里奥大桥和新的道路连接起来。新建道路的标高高于工程师莫斯卡(Mosca)设计的防汛墙最顶端的标高,为此,沿波河高出防汛墙部分的栏杆和铺地被拆除,然后将防汛墙提升至一个合适的高度,从而实现了新建的滨河大道与防汛墙和维托里奥大桥的连接③。

关于道路,城市主管部门建议铺设与新穆拉兹河堤和维托里奥广场一

157

① ASCT. Atti del Municipio, annata 1873, parte Ⅱ, n. 122, 12 luglio 1873

② ASCT. Giunta Municipale, verbale della seduta n. 32 del 4 marzo 1874, § 1 (In ASCT. Affari Lavori Pubblici, cart. 59, fasc. 4, n. 5)

③ Ⅱ Calcolo della spesa per il Raccordamento della Via Napione e della Via Lungo Po ai nuovi murazzi, 1875 (In ASCT. Affari Lavori Pubblici — Settore Ponti Canali Fognature, cart. 34, fasc. 4, s. n.)

致的碎石路面(macadam①),两侧人行道高出路面 15 厘米。城市建设委员会同意了城市主管部门的建议,最终,碎石路面和两侧高出路面的人行道都按计划建成②。

(4)博索利别墅至加富尔大街段(1877—1881)

波河左岸的穆拉兹河堤项目赢得了都灵广大市民的支持,尤其是维托里奥广场段的建成和滨河大道的修建使两者连为一体,最终在波河沿岸建成一条从城市中心一直延伸到瓦伦蒂诺公园的滨河大道,市民常常在此散步兜风,而瓦伦蒂诺公园又是最受市民喜爱的约会和休闲地点之一③。城市建设委员会批准了这个项目并从 1877 年的预算中拨出部分资金,用以支持波河上游直至现存的加富尔大街段大约 65 米长的穆拉兹河堤的建设和公共洗衣房的建设④(图 5.57)。

在整个工程实施过程中,地下渗水的问题一直困扰着市政部门。为了解决这个问题,市政部门用 23 根 10 英寸口径的陶土管来排除地下渗水。此外,在防汛墙后面还设置了一条水渠来拦截渗水并集中排放到中央排水管中⑤。

然而,当所有的工程接近完成时,工程发生了意外。在填补防汛墙背后的空隙时,由于土的侧推力过大导致结构遭到破坏,堤岸上的房间内出现裂缝,墙体向河岸的方向倾倒。为了永久性修复这些问题,城市主管部门立即决定通过增加横断墙的方式来加固被破坏的拱形结构,由此堤岸上房间的分割变得比以前更加密集⑥。工程完成后还进行了一系列其他的加固措施。

---

① macadam(以苏格兰工程师 J. L. McAdam 的名字命名)是一种铺地形式(又称普通 macadam 或者水中 macadam),即将大石块压碎后形成的碎石块铺于路面,并由压缩滚轴反复碾压至平。(引自:Istituto della Enciclopedia Italiana. Vocabolario della Lingua Italiana, 4 voll. Roma: G. Treccani, 1986: 2)

②③ ASCT. Giunta Municipale, verbale della seduta n. 8 del 13 dicembre 1876, § 10 (In ASCT. Affari Lavori Pubblici, cart. 68, fasc. 11, n. 16)

④ ASCT. Giunta Municipale, verbale della seduta n. 19 del 21 febbraio 1887. In ASCT, Affari Lavori Pubblici, cart. 74, fasc. 6, n. 2: 16

⑤ ASCT. Affari Lavori Pubblici — Settore Ponti Canali Fognature, cart. 34, fasc. 4, s. n

⑥ ASCT. Consiglio Comunale, verbale della seduta n. 18 del 6 febbraio 1878, § 6 (In ASCT, Affari Lavori Pubblici, cart. 81 bis, fasc. 27, n. 0)

图 5.57　博索利别墅至加富尔大街段波河左岸景象
资料来源：Torino，ASCT，Fondo Dall'Armi，R0310158，Stralcio

（5）圣·毛里齐奥大道至瓦奇利亚（Vanchiglia）大桥段（1880—1883）

瓦奇利亚村的居民从 1872 年就开始关注穆拉兹河堤项目，并积极提出意见和建议。从那时起，为了完善河岸的整体布局，他们一再向市长和政府提出申请敦促维托里奥大桥下游圣·毛里齐奥大道至艺术家（Artisti）大街段堤岸的建设[①]。1879 年 7 月 21 日，瓦奇利亚村的居民给市长写信抱怨地下渗水对波河左岸及一些建筑的破坏。几个月之后，由于左岸管理不善，拆迁工作不断产生的建筑垃圾堆放在瓦奇利亚村前波河左岸的河床上，托尔涅利（Tornielli）公爵和其他居民继续提出抗议[②]，敦促城市工程部门对维托里奥大桥至正在建设中的瓦奇利亚大桥之间的河岸实施检查。居民对管理部门的压力推进了堤岸的发展演变过程[③]。

但是由于资金短缺，不可能实现整个波河左岸的加固工程和在沿岸修筑用于联系维托里奥大桥至瓦奇利亚大桥的道路，因此原来计划的工作不

159

---

①　ASCT. Affari Lavori Pubblici，cart. 46，fasc. 2，n. 3，Lettera del Comitato per l'abbattimento del Moschino al Sindaco，21 gennaio 1872

②　ASCT. Affari Lavori Pubblici，cart. 89，fasc. 9，n. 1，Lettera dei proprietari in Vanchiglia al sindaco，21 luglio 1879

③　ASCT. Consiglio Comunale，verbale della seuta n. 17 del 30 gennaio 1878，§ 3

能实现。城市主管部门建议沿着维托里奥大桥下游的部分只建设防汛墙(il muro d'alaggio)和滨河纤道,这样可以保证堤岸不被洪水破坏,而且可以形成整齐的外观,从而修缮地下渗水对堤岸造成的破坏(图5.58)。根据上述考虑,1880年7月30日,市长向城市建设委员会提交了由城市主管部门提出的草案并建议开始第一段的建设工程①。

图5.58 波河左岸的纤道和堤岸护坡,可以隐约看到联系上层滨河大道的台阶和背景的玛格丽塔大桥
资料来源:资料来源:foto d'epoca, tratta da ARTUSIO Lorenzo, BOCCA Mario, GOVERNATO Mario, RAMELLO Mario. Mille saluti da Torino. Torino: Edizioni del Capricorno, 1990

然而最终项目没能按计划完成,因此堤岸上的许多临时结构保留了下来:几幢建筑及其周边的花园;一条狭窄的林荫道;几组台阶与通向穆拉兹河堤的道路尽端相连;坡向码头的大草坡,这也是这段穆拉兹河堤项目中唯一按照计划实现的一部分(图5.59)②。

(6) 加富尔大街至德米尔(Dei Mille)大街段(1884—1888)

在之前的工程中,上游堤岸的建设止于加富尔大街,可能是由于在加富尔大街的轴线上修建一组大台阶的计划一直没有实施,也可能是由于堤岸上名为"长房子"的旧建筑就在不远处,阻碍了工程的进展,因此直到拆除了

① ASCT. Affari Lavori Pubblici — Settore Ponti Canali Fognature, cart. 34, fasc. 4, s. n
② RE Luciano. Schede degli elementi architettonici e ambientali caratterizzanti, in Citta di Torino. Concorso internazionale cit. : 21

图 5.59　圣·毛里齐奥大道台阶下游段的纤道和防汛墙

资料来源：foto d'epoca, tratta da ARTUSIO Lorenzo，BOCCA Mario，GOVERNATO Mario，RAMELLO Mario. Mille saluti da Torino. Torino：Edizioni del Capricorno, 1990

这幢"长房子"后工程才得以继续①。最重要的是，玛丽亚·特雷莎大桥的状况不再适应那个时期的交通状况而且产生越来越多的结构问题，各部门正在讨论大桥的重建问题。设计和建造一座新的桥梁需要时间，大桥的桥墩能否与堤岸完好地连接并过渡也不得而知，因此新大桥的修建成为影响穆拉兹河堤工程的一个不确定的因素，上游堤岸的建设只能截止到德米尔大街，在新的大桥未建成前很难向前推进②。

1884 年 1 月 18 日，市长宣布，根据城市建设委员会在前一年的 11 月的建议，正式决定拆除"长房子"，将防汛墙和堤岸的建设一直延伸到玛丽亚·特雷莎大桥③。同时，拆除"长房子"并重新修整堤岸也是 1884 年在都灵举办的全意大利博览会执行委员会的请求④。

岸边的"长房子"与其周围的破旧房屋一起被拆除，其目的不仅仅是为

161

---

①　ASCT. Consiglio Comunale, verbale della seduta n. 13 del 5 gennaio 1882，§ 2 (In ASCT, Affari Lavori Pubblici, cart. 119, fasc. 11, n. 0)

②　ASCT. Consiglio Comunale, verbale della seduta n. 15 del 9 gennaio 1882，§ 6 (In ASCT, Affari Lavori Pubblici, cart. 119, fasc. 11, n. 1)

③　ASCT. Affari Lavori Pubblici, cart. 140, fasc. 10, n. 2

④　ASCT. Affari Lavori Pubblici, cart. 129, fasc. 7, n. 1

了延续防汛墙工程、重整波河左岸的堤岸和美化滨河大道,也是出于公共卫生的因素,原本破败不堪的内外环境已不适宜人的长期停留和居住,这在那个时期也是城市建设一个非常重要的影响因素。随着工程的开展,潮湿、狭窄、破旧、环境不健康的房子被堤岸上排列有序的、干净、整洁的房间所取代,这些房间后来多用做大型的公共洗衣房。

城市建设委员会召开例会时,市长提出建议,在德米尔大街轴线上的防汛墙正面建一段凸出段,同时以一组大台阶连接上下层道路,从而营造一片开放空间,以便在此安放加里波第(Garibaldi)的雕像。这一提议得到了雕刻师塔巴基(Edward Tabacchi)和一些议员的赞成①。因此,城市建设委员会决定在德米尔大街轴线上建一段大约 25 米宽的开放空间和一组大台阶(图 5.60)②。

图 5.60 德米尔大街尽端的大台阶和加里波第雕像
资料来源:I. Falcone 摄,2005

(7) 德米尔大街上游段(1889—1911)

加里波第雕像的落成标志着 1885—1887 年由贝索齐(Besozzi)主持的穆拉兹河堤部分的完成③。根据计划,新穆拉兹河堤工程还剩下最后一段,位于德米尔大街上游,总长大概 70 米。在国王大道轴线上将建造翁贝托一世大桥(Umberto I),代替原来的玛丽亚·特雷莎大桥。因此,这一段堤岸

① ASCT. Consiglio Comunale, verbale della seduta n. 8 del 25 novembre 1885, §8. (In ASCT, Affari Lavori Pubblici, cart. 158, fasc. 11, n. 1.1)

② CARLO Velasco. Murazzo Lungo Po. Costruzione della scalea sull' asse di via dei Mille, 18 marzo 1886 (In ASCT. Affari Lavori Pubblici, cart. 158, fasc. 11, n. 1.2.)

③ ASCT. Consiglio Comunale, verbale della seduta n. 11 del 28 marzo 1888, § 9

的地形情况十分类似于维托里奥大桥段(图 5.61),桥与堤岸之间的连接方式将模仿 1930 年代由莫斯科(Carlo Bernard Moscow)设计的维托里奥大桥与堤岸的连接。最后一段穆拉兹河堤的建设须等到新的大桥建成后才能实现,由此可以更清楚更具体地了解大桥与堤岸的连接关系[①]。

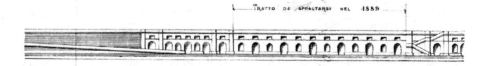

图 5.61　沿波河的穆拉兹河堤,1889-07-07
该图显示了穆拉兹河堤与取代玛丽亚·特雷莎大桥的石桥之间的联系,该设计未实现。
资料来源:Torino, ASCT, Tipi e Disegni, 15-3-17, stralcio

　　翁贝托一世大桥的建设花了比预期更长的时间,1903 年开工建设,一直持续到 1907 年才竣工(图 5.62)[②]。随着新大桥的完工,完成穆拉兹河堤最后一段建设的问题再一次引起重视。大桥建成后,必须采取一些保护措施来防止大桥、桥墩以及与堤岸的交接处被河水腐蚀。也正是由于这个原因,关于如何连接大桥及与之相连的路面与沿堤岸的纤道出现了长期的辩论,

163

图 5.62　1907 年 5 月 26 日翁贝托一世大桥开放典礼
资料来源:ROSSO Francesco. Il Volto di Torino:1880—1915. Torino:Editrice La Stampa, 1987:27

---

①　ASCT. Atti del municipio, seduta n. 6 del 7 marzo 1898, § 3:94
②　ASCT. Atti del Municipio, seduta n. 4 del 25 giugno 1906, § 4:885

有人建议使用台阶,而有人建议使用坡道[1]。最终,公共工程技术服务部的专家经过研究,建议在大桥和堤岸之间以一个坡度为8.5%坡道连接(这个坡度明显大于维托里奥大桥段坡道的坡度),同时还强调指出堤岸的建设不能影响桥墩的结构[2]。

随着城市的发展,波河逐渐失去了作为城市经济资源的功能,变成市民休闲与娱乐的场所。同时,之前在堤岸上提供空间容纳生产活动的尝试最终显示并不太成功,因此穆拉兹河堤最后一段并没有在堤岸内部设置房间,而以坡向波河的草地取而代之(图5.63),这样更有利于建设有活力的堤岸,迎合新的使用功能。

图5.63 翁贝托一世大桥至1890年完成的穆拉兹河堤最后一段波河左岸绿地系统
资料来源:I. Falcone 摄, 2005

至1910年,穆拉兹河堤工程尚未按照计划完成,1911年世界博览会之后,城市建设委员会又一次将最后一段穆拉兹河堤工程提上日程[3]。

5.4.2 特征分析

穆拉兹河堤是波河沿岸一段带状区域,具有很高的地理、历史和文化价

---

① ASCT. Atti del Municipio, seduta n. 1 del 5aprile 1907, §4: 429-430

② ASCT. Atti del Municipio, seduta n. 1 del 28 giugno 1907, §5: 724-725

③ RE Luciano. La costruzione del paesaggio fluviale// VIGLINO Davico Micaela, COMOLI Vera. Beni Culturali Ambientali nel Comune di Torino. Torino: Società degli Ingegneri e Degli Architetti in Torino, 1984: 736-742

值,大约建成于 1970 年代的沿岸房间充分利用了上层的凯罗利大道和滨河纤道之间的高差,形成宽敞的房间并沿波河展开,这是穆拉兹河堤最大的特色。这一带状空间连接维托里奥广场和瓦伦蒂诺公园,并与维托里奥大桥和翁贝托一世大桥衔接,形成城市中心完整且多变的滨河空间并与跨河大桥形成立体对接,构建了连续、便捷、立体的城市滨河步行环境。总体而言,河堤的驳岸基本采用直立式刚性结构,而翁贝托一世大桥下游和圣·毛里齐奥大道上游的两段草坡看似随机形成,实际上起到了柔化硬质驳岸的效果,大大地改善了穆拉兹河堤景观环境的舒适性,从一定程度上消除了冗长的硬质驳岸给人带来的不亲切感(图 5.64)。

图 5.64 穆拉兹河堤综合体范围示意图(卫星图)
资料来源:CAVAGLIA Gianfranco. Progetti Integrati d'Ambito a Torino: Complesso dei Murazzi del Po, via Giuseppe Garibaldi, Piazza Vittorio Veneto. Torino:Celid, 2009:32

5.4.3 存在的问题

穆拉兹河堤最初的使用目的与河岸上传统的服务活动相关,如用做洗衣房或为渔船和交通工具提供仓储空间等(图 5.65)。随着社会的发展和时间的推移,这些活动已大大减少,有的甚至已经完全消失,因此,面向波河的房间失去了原来的功能价值而逐渐被闲置。由于管理不善,穆拉兹河堤的墙壁和地面上充斥着混乱的涂鸦,而长时间无人使用和维护更使得河堤

图 5.65 都灵——波河上的城市,波河左岸
资料来源:foto d'epoca, tratta da ARTUSIO Lorenzo, BOCCA Mario, GOVERNATO Mario, RAMELLO Mario. Mille Saluti da Torino. Torino: Edizioni del Capricorno, 1990:128

上的卫生环境极差,许多角落空间由于很少有人问津而破败不堪。20 世纪末整片区域开始呈现出衰败的景象,昔日富有活力的城市滨河空间变成城市中阴暗的角落①。因犯罪率的不断攀升,堤岸上不得不长期设警车巡逻(图 5.66)。

堤岸上巡逻的警车

被擅自封闭的大台阶入口

原本用于商铺的堤岸空间无人问津

标志牌上凌乱的涂鸦

图 5.66 衰落的穆拉兹河堤景象
资料来源:http://image.baidu.com

5.4.4 保护更新策略②

在失去了传统的功能之后,近年穆拉兹河堤地区被市民"重新发现",作

① VIGLINO Davico Micaela, COMOLI Vera. Beni Culturali Ambientali nel Comune di Torino. Torino: Società degli Ingegneri e Degli Architetti in Torino, 1984: 33

② BERTOTTO Rosso Milena, CAVAGLIA` Gianfranco. Progetto integrato d'ambito del complesso dei Murazzi del Po// CAVAGLIA Gianfranco. Progetti Integrati d'Ambito a Torino: Complesso dei Murazzi del Po, via Giuseppe Garibaldi, Piazza Vittorio Veneto. Torino: Celid, 2009: 33-52. 本段数据和资料来自以上资料。

为城市公共设施逐渐转变成夜间的娱乐场所。穆拉兹河堤的改造是由市政府发起的区域一体化工程的一部分,旨在清除各种不适宜的活动,恢复河堤特殊的环境特征,为市民营造舒适的滨河休闲场所。主要解决两大问题:新的功能和防御洪水危险。新发展而来的功能应该与其他改造措施取得一致,赢得经济利益,从而能够推动整片区域彻底的改造。穆拉兹河堤区域内的任何设计和规划都必须以防御洪水危险为出发点,权力部门和管理部门应当与区域内的使用者直接对话,并采取相应措施,以保障区域安全和使用者的人身安全(图 5.67)。

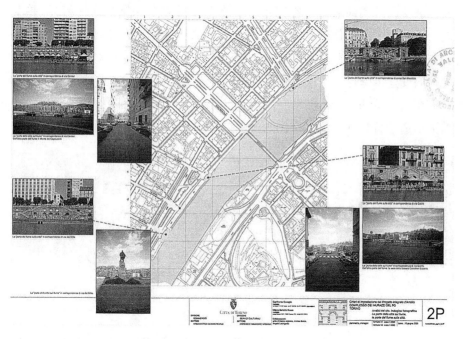

图 5.67 区域一体化工程波河穆拉兹河堤综合体基地分析图

资料来源:CAVAGLIA Gianfranco. Progetti Integrati d'Ambito a Torino:Complesso dei Murazzi del Po, via Giuseppe Garibaldi, Piazza Vittorio Veneto. Torino:Celid, 2009:37

(1)公共空间系统

1)交通系统

通常情况下,出于对滨河区域舒适性的考虑,车行道、步行道与自行车道在视觉和知觉上进行严格划分实际上是不被鼓励的,在此类区域内为有助于营造空间的活力往往建议各种路径共存。但是,由于滨河的凯罗利大道是城市的主要交通干道,而刺激市民休闲活动和散步兜风活动又是改造工程的主要目标,因此区域内采用无限制的和无区分的交通方式是不恰当的。鉴于区域个体特征和使用习惯,项目建议严格划分车行道独立于其他路径,自行车道与步行道混合使用,同时限制所有机动车和非机动车的速度,以利于河岸的连续使用及改善河岸空间与各种使用人群的和谐关系。

2) 开放空间

天然地形决定了城市道路比波河水面高出近 10 米,滨河的城市道路与滨河纤道之间借助此高差形成了一排面向波河的房间和上下两层平台,这成为整个区域内最显著的空间特征。改造项目完全保留了这一特征,并没有为了避免洪水的侵袭而去除掉与水面亲密接触的下层空间,而是将这一层空间设计为偶尔被洪水淹没(图 5.68),对于如何在洪水来临时在最短的时间内安全拆除这层空间内的构筑物和疏散人群也做出了严格的规定。由此保留了上下两层滨水活动空间,为滨水活动提供了多种可供选择的载体,营造出适于各种活动的多样化的滨水空间(图 5.69)。

图 5.68   被洪水淹没的堤岸空间依然秩序井然

资料来源:http://image.baidu.com

3) 视线走廊

穆拉兹河堤是典型的滨河线性空间,因此严格控制构、建筑物的界线和高度以保证视线的通达是改造更新时应遵循的前提。项目根据对建筑肌理的影响最小化原则,并没有在堤岸上设置固定的构筑物,而是建议选用可移动的多功能街道家具并对其尺寸及范围作了严格的规定,从而创造了从维托里奥广场到瓦伦蒂诺公园的视线联系,避免了对优美城市景观和自然景观的遮挡。所有核心功能性空间都被安置在滨河房间内,上下两层堤岸(尤其是与水最为接近的下层堤岸)的空间仅用于搭建一些临时性构

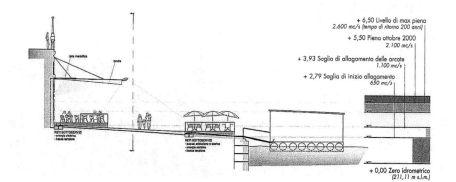

图 5.69　区域一体化工程波河穆拉兹河堤综合体,室外空间遮蔽物剖面设计示意图
资料来源:CAVAGLIA Gianfranco. Progetti Integrati d'Ambito a Torino; Complesso dei Murazzi del Po, via Giuseppe Garibaldi, Piazza Vittorio Veneto. Torino:Celid, 2009: 49

筑物,作为核心功能性空间的补充,为游客和市民提供停驻、休息、观景的空间。

　　此外,垂直于河道方向的视线走廊也是至关重要的,目的是将水体景观"渗透"到城市纵深腹地,让城市中更大范围内的人们能感受到城市滨河水景的存在并享用城市的水域资源。穆拉兹河堤在重要的道路交叉口都设有标志物,例如德米尔大街轴线上的加里波第(Garibaldi)的雕像,形成城市滨河空间面向城市腹地的视觉焦点,吸引市民和游人在此停留,并通过河堤正面的一组大台阶将人流导向下层亲水空间。河堤改造过程充分尊重这些标志物的空间视觉导向价值,对它们及周边空间特征进行全面的保留和保护,同时对于局部破坏空间连贯性的建、构筑物进行梳理,从而保障了垂直河道方向的视线走廊连续贯通。

　　4) 天际线

　　都灵城市经历了几个世纪的历史演变,滨河地区的"背景"天际线和垂直于岸线方向的建筑高度轮廓始终保持不变,新建建筑高度一律不允许突破原有滨河建筑的制高点,从而形成整体统一、局部富于变化的天际轮廓线(图 5.70),保留了原有城市滨河开放空间,并使空间比例保持在一个宜人的范围之内。纵深方向上的建筑轮廓线以不破坏滨河建筑"背景"天际线为原则,保证了从河对岸看过来的"背景"天际线的轮廓清晰。

169

（2）景观风貌系统

1）建、构筑物

改造项目制订了详细的街道家
具实施计划，推动了整个区域一
体化工程的发展。为体现统一性和多
样性原则，项目从一般层面和具体
层面对街道家具给出定义而不附加
任何图像示意，个体经营者根据所
给原则自行选择家具，从而形成既

图 5.70　整体统一的天际轮廓线

统一又多变的空间特征。此外，项目还制定了详细的管理法规，对于安装和
维护、管理和清洁街道家具——做出规定，规定还包括由基地的特殊位置决
定的出于安全因素妥善管理和移除街道家具的程序(图 5.71)。

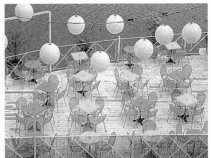

图 5.71　各商家根据导则自行选择街
道家具，形成既统一又多变的风格
资料来源：http://image.baidu.com

2）码头设施

波河原来是城市的经济命脉，城市生产、生活的物资多通过波河输送，
因此滨河地区遗留下来大量的码头设施。现代城市生活中，波河的功能和

170

地位发生了根本性的改变,逐渐转变成城市景观核心,主要承载市民和游人的休憩娱乐、游览观光等活动。因此穆拉兹河堤在改造更新过程中充分利用原有码头设施,将一部分改造成游船码头,一部分改造成水滨餐馆的室外茶座,还有一部分改造成皮划艇学校的训练场地。由此,旧的码头设施不断适应新的功能需求,保持了滨河地区原有的鲜明特色。

3) 滨河步道

滨河步道是人们感受滨河环境的主要场所。穆拉兹河堤改造工程结合原有空间规划了多层次、立体的滨河步道系统,环境要素沿着步道展开布局,并创造让人停留的观景点,游人在道路上行走的同时可以观赏景色,感受滨河区的历史氛围。滨河步道与堤岸上的大台阶、坡道和自然绿地采用多种连接方式,形成自然的过渡和风格。同时加大滨河步道与城市道路的联系,最大限度地方便人的出入,增强滨河地区的可达性(图5.72)。

图5.72 滨河步道以大台阶和坡道与城市道路连接

4) 驳岸

穆拉兹河堤是城市中心的一段滨河线性空间,用地面积紧张,主要采用直立式刚性驳岸,这种驳岸形式一般亲水性不佳,地面与水面高差较大,人们很难直接接触到水面。然而穆拉兹河堤改造工程充分利用由高差形成的滨河房间,保留了下层偶尔被洪水淹没的亲水平台,为丰富的亲水活动提供了载体,弥补了这种驳岸形式的不足。堤岸靠近翁贝托一世大桥的局部采用的是斜坡式柔性驳岸,是一种生态型的驳岸形式,地面道路与河面之间由草坡过渡,滨河步道和自行车道穿插于草坡之间(图5.73)。柔性与刚性驳岸相结合,可以增加驳岸的生态性特征,缓解刚性驳岸带来的不亲人的感觉,在局促的城市滨河空间内既能满足防洪的需求,又能增加人与自然接触的机会。

图5.73　穿插于草坡间的滨河步道和自行车道

(3) 历史人文系统

穆拉兹河堤上以休闲、观光类活动为主,同时也会阶段性地举办一些体育运动和民俗类活动,例如波河上一年一度的皮划艇比赛和燃放烟火活动等(图5.74)。这一区域的显著特点是受阶段性洪水的威胁:由于其位置的特殊性,区域内所有活动都受到洪水的威胁。因此项目对于本区域的危险状况做了一个全面的评估,根据活动类型对于基地每天或每年的开放时间提出合理的建议。

此外,项目还提出活动的类型应随时间的推移而不断演变。项目通过调研堤岸内部空间,了解现有空间(目前只有部分使用)的使用是否一致,并根据空间特征和区域功能评估增设新活动的可行性。未来可能出现的活动不仅要适应环境、历史和建筑背景条件,还应该有助于改善这些条件。任何试图改善区域条件的行为都应当避免对基地的破坏。尽管目前的堤岸内部空间已被一些活动所占据,但这些活动不应当成为发展其他新活动的限制因素;相反,这些活动应随着时间的推移而逐渐变化甚至更替。

5.4.5　策略实施的保障

(1) 整体的规划管理

作为城市中心区滨河的线性空间,穆拉兹河堤的重要地位不仅体现在

图 5.74 穆拉兹河堤上丰富的活动及空间类型
资料来源:http://image.baidu.com

河堤本身的环境特征,更重要地体现在它是城市空间联系和过渡的枢纽。穆拉兹河堤改造的主要目的是通过优化区域内部功能和环境,将维托里奥广场和瓦伦蒂诺公园联系起来,以推动整片区域的彻底更新,形成完整的城市滨河休闲区域,共同赢得环境景观效益和经济利益。

鉴于所使用功能的多样化,区域内的各项公共设施涉及范围较广,较为复杂。改造项目对各项设施从整体上进行控制,促进市政府和各机构正在实施过程中的各项工程(无障碍设施、码头和自行车道等)的协调。针对地下管网,项目通过合理处置废弃管道和优化地下排水网络,使地下排水系统更加合理化并保护现存固定装置和遮蔽物。

(2) 完善的法规导则

项目改造的对象可以分为一般层面(指整个河堤综合体)和具体层面(指单项的设施和活动)两个层面。因此,相关的法规和导则也可以分为两个层次。在一般层面上,对每项活动的干预措施都应当符合对整个河堤综合体的约束条件;在具体层面上,对每项活动的干预措施应该与相关法规和导则一致[①]。

1) 一般层面

首先应该强调的是该项目的定义结构,项目中精确地定义了以下概念:对象(包括德豪斯、构筑物、驳船浮桥、路径、地块等)、区域(包括对德豪斯和构筑物区域的定义与限制)、保护区域、限制使用区域、活动(包括保护和识别区域的要素、活动恰当性的外部限制、对位于穆拉兹河堤正面的德豪斯元素的限制)。区域一体化工程实际上是一部管理法规,目的是限制存在的各种活动使其符合此区域的特征和基于这些特征设立的发展目标[②]。

此外,该项目还提出了一系列布置德豪斯、构筑物、驳岸浮桥和选择及设计相关家具设施的导则,目的是沿滨河的城市道路、沿河或直接在水面上确定相应的空间,用于布置街道家具及各项设施,从而在此区域内建立一个完善的基础设施系统。该区域受到洪水的威胁,呈现出一定的特殊性,因此有必要对该区域实施严格的监管制度,对于街道家具和设施所在区域的监管尤为重要。

值得注意的是,这里的定义没有任何图像示意,意味着它只是对各种关系的描述而没有形象化的表达。采用这种弹性方法,意义在于试图在必须遵守的原则范围内留给那些项目干预者一定的自由度。在不违反法规和导则约束的前提下,每个人、每个商家都有机会表达自己的个性。表达的方式

①② CAVAGLIA Gianfranco. Progetti Integrati d'Ambito a Torino: Complesso dei Murazzi del Po, via Giuseppe Garibaldi, Piazza Vittorio Veneto. Torino: Celid, 2009: 50-52

可以是多种多样的,也可能会随时代的发展而不断地更新。在法规和导则的约束下,根据同质性原则和重复性原则,表达方式将会得到不断的提升①。

总体而言,从以上讨论可以清楚地看到,基于对基地特征的描述和分析,所有干预措施应符合以下两个主要原则②:

一方面,在这样一个存在自然危险的区域,出于安全因素的考虑,有必要采取严格的监管制度;

另一方面,有必要为实施干预者留下尽可能多的自由度,因此具体的干预措施可以在一定范围内各有不同,从而使多样性得到充分的表达。

2)具体层面

除了上文提到的一些一般规定,该项目还针对遮蔽物、踏板、护栏、固定装置、招牌和可移动的设施等其他元素制定了一系列详细的导则,说明了选择和设计的规则。该导则是在实地分析和使用预期的基础上提出来的,是各种约束条件的综合表达。尽管定义了一系列烦琐的限制和约束条件,该导则的目的是提高干预措施的质量,从而使它们更能适应该地区的特点。

此外,导则还规定在德豪斯范围以外的区域只有城市管理部门有权力安装其他设施(如自行车架、长凳、垃圾箱、旅游信息牌等),这些设施必须符合该区域的特征且符合各项法规的约束。基于该区域可能出现的洪水危险,城市法规规定洪水来临时,必须在限定的时间内清除所有场内家具且不对场地造成损害。因此,区域内的所有设施必须符合城市法规的规定。可以说,该导则就是一部管理规范,有关穆拉兹河堤综合体所有的设计工作和街道家具及设施的选择无一例外都应当遵守该规范的规定③(图5.75)。

(3)广泛的公众参与

与维托里奥广场改造项目一样,穆拉兹河堤的街道家具也采用弹性设计的方法,在保证整体视觉统一的前提下,为各经营者留有较大的发挥空间,激发市民的创造力,强调出统一性与多样性高度的融合。

项目还提倡与市民进行积极主动的交流与沟通,通过图片展、历史文件、旅游手册等方式记录并传播地方传统和历史知识,鼓励市民参与城市更

①②③ CAVAGLIA Gianfranco. Progetti Integrati d'Ambito a Torino:Complesso dei Murazzi del Po, via Giuseppe Garibaldi, Piazza Vittorio Veneto. Torino:Celid, 2009:50-52

图 5.75　改造后的穆拉兹河堤
资料来源:网络 http://image.baidu.com

新的决策过程,以提高穆拉兹河堤综合体的环境质量和空间品质。

本章小结

　　通过对都灵城市历史演变的论述,可以对都灵城市的形成和演变过程有一个较为全面的了解。从最初的罗马兵营到今天的都灵城,基本延续了棋盘格状的城市布局和围合的街区组成形式,尤其是老城区的城市肌理至今仍完整保留。最初建城时,出于军事防御的目的,城市的选址位于远离河流的平原地带,充分利用天然地形形成天然的防御系统。随着社会的发展,河流不断为城市的发展提供重要物资,城市对河流的依赖程度也越来越大,因此城市逐渐向河流扩张,并最终跨过河流向更广的范围拓展。滨波河的维托里奥广场、瓦伦蒂诺公园和穆拉兹河堤是城市中心区直接与河流接触的带状区域,经历了漫长的演变过程,这个区域内有丰富的历史遗存,同时又不断经历着进化,从而成为城市中最有活力、最受市民喜爱的地区之一。在后来的改造更新过程中,三个案例都以尊重历史环境、保护区域历史特征为宗旨,确定改造更新的策略方法,协调传统空间形式与现代城市功能新需求的矛盾,同时还借助完善的组织管理手段保障保护更新策略的顺利实施。

第6章　都灵经验对中国的启示

对于历史地段型城市滨河地区的保护更新,意大利和中国在传统文化、保护体制、项目规模等方面都不尽相同。中国历史文化为"源",西方经验教训为"流",借鉴其经验和教训,把握"源"和"流"的关系,可以得出对我国历史地段型城市滨河地区保护更新的启示。本章第一节基于都灵的案例分别从技术路线和组织管理两个层面,总结了意大利在历史地段型城市滨河地区保护更新方面的经验。第二节以上海为例,深入剖析中国历史地段型城市滨河地区保护更新工作中存在的问题。第三节从技术路线和组织管理的角度得出意大利经验对中国的启示。

6.1　意大利经验总结

意大利都灵的历史地段型城市滨河地区保护更新的三个案例体现出整体性、多样性、动态性、生态性的保护更新原则,下文从技术路线和组织管理两个层面总结其经验。

6.1.1　技术路线

（1）公共空间系统

1）功能组成

以合理利用土地为出发点,强调滨水区域的功能混合,在保留原有滨水功能和活动的同时依据现代人的生活特征增添了许多新的功能,丰富了地区内涵。维托里奥广场作为从古至今的市民活动中心,保留了原本繁荣的商业和餐饮活动,同时还植入画廊、音乐厅、博物馆、电影院等文化设施,混合的功能一方面大大增加了广场的历史和文化氛围,另一方面适应现代生活方式。瓦伦蒂诺公园区域保留了历史建筑并根据现代生活特征赋予其新的功能,成为市民休闲、娱乐、学习、游览、展览、运动的重要场所。

2) 交通系统

以建设地下停车场作为缓解地面停车压力的主要手段,从而便于建立连续宜人的步行环境,优化滨水空间的可达性。维托里奥广场改造工程始于地下停车场的修建,改造工程在满足现代城市功能的同时缓解地面交通压力,还将出租车停车区域重新分配至整个广场步行区域,释放波大街上的部分空间,缓解原来拥挤的地面交通,优化广场的可达性,合理安排清洁车辆和运输车辆的路线和时间分布,保持场地的清洁并提高装卸货物的便利性。瓦伦蒂诺公园也是通过建设地下停车场,梳理地面车行流线,避免地面车辆的进一步蔓延,缓解地面交通压力,使城市中心方向的人群可以顺利地进入公园并到达波河河滨区域。在垂直交通方面,穆拉兹河堤采用了楼梯和坡道等多样化的垂直交通方式,创造接近河流的多种可能性,并满足不同群体使用的需求。关于滨河车道,穆拉兹河堤改造工程根据区域个体特征和使用习惯,将机动车行车道单独使用,步行道与自行车道混合使用并严格限制车速,从而利于河岸的连续使用及改善河岸空间与各种使用人群的和谐关系。

3) 开放空间

都灵的三个案例中都反映出保护滨水空间特点的思路。维托里奥广场改造项目根据目前的活动和未来可能出现的活动重组公共空间系统,优化清洁和装卸货等公共服务,在同质性、功能性、一致性和集成性的基础上,在使

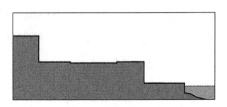

图 6.1　穆拉兹河堤剖面示意图

用公共空间的过程中为其增添一些新的特征。瓦伦蒂诺公园完整地保留了公园内的绿地空间系统,同时灵活组织滨水空间,成为市民休闲、娱乐、学习、游览、展览、运动的重要场所。穆拉兹河堤是典型的滨水线性空间,历史形成过程和天然地形决定了其独特的空间特征——道路比水面高出 10 多米。在城市空间的演变过程中,这种天然的高差被充分利用,形成上下两层平台(图 6.1)。改造项目保留并利用了两层空间,为市民的休闲和观光活动提供载体:一层接近水面,设计为偶尔被洪水淹没;另一层几乎与上层道路

齐平,与人行道和自行车行道相结合。值得注意的是,尽管接近水面的下层空间暴露于洪水的危险中,但其趣味性和吸引力仍是不可替代的。此外,改造项目还充分利用了道路下面的空间,使其向水面开敞,为河岸上的活动提供多样化的场所。改造项目保留和利用了两层平台空间,并通过对滨水活动的干预优化了这些空间的品质。

4)视线走廊

视线走廊是城市滨河空间较为重要的特点,合理的保护有利于强调滨水空间的连贯性并增强河流与城市的联系。都灵的案例强调了沿河和垂直于河道方向的视线走廊的重要性,既避免了对优美景观的遮挡,又加强了城市与滨水区之间的空间联系和视线联系,有利于将水体景观"渗透"到城市纵深腹地。穆拉兹河堤改造项目根据对建筑肌理的影响最小化的原则,建议选用可移动的多功能街道家具并严格规定其尺寸及范围,创造从维托里奥广场到瓦伦蒂诺公园的视线联系,避免对优美景观的遮挡,同时强调保持垂直于河道方向的视线走廊。

5)天际线

都灵城市的发展可以看作一个渐进的、温和的演变过程,在整个演变过程中城市特征得到了很好的延续,穆拉兹河堤地区的"背景"天际线和垂直于岸线方向的建筑高度轮廓始终保持不变,新建建筑的高度均没有突破这些界线,同时纵深方向上的建筑轮廓线也得到严格控制,从而保证了从河对岸看过来的"背景"天际线的轮廓不会被破坏。

(2)景观风貌系统

1)建、构筑物

关于建筑物,都灵案例通过功能转型实现了旧建筑的再利用,例如:瓦伦蒂诺城堡的功能由最初皇家在都灵郊外的行宫转变为博览会期间的展览大厅再到皇家工程师学校,今天成为都灵理工大学建筑与城市学院;中世纪风格的古村落如今成为博物馆,展示中世纪时期的生产生活方式。就保护旧建筑的具体措施而言,都灵维托里奥广场三面围合的建筑首层空间均朝向广场打开,提供服务功能,由建筑拱廊形成的半开放空间作为过渡,形成私密、半开放、开放的空间序列,这些改造和利用旧建筑的方法既能保留历史街区风貌又能适应现代城市功能的需要,十分值得推广和借鉴。

关于构筑物及街道家具,都灵的维托里奥广场改造项目和穆拉兹河堤改造项目都采取弹性设计原则,增加许多能够灵活使用和安装的构筑物元素,满足功能多变的需求,形成既统一又多变的空间特征;穆拉兹河堤根据区域受阶段性洪水威胁的特性,出于安全因素制定了妥善管理和移除街道构筑物和家具的程序。都灵的方法有利于在选择构筑物和街道家具时多样性和统一性的体现,能够为城市生活增添活力,既能形成有特色、有场所感的设计效果,又能在统一的基调中体现构筑物和街道家具的多样性。

2)码头设施

都灵对滨河地区遗留下来大量的码头设施进行了充分的保留并再利用,目的是在保留城市滨河地区历史遗存的同时不断适应新的功能需求。穆拉兹河堤利用原有码头设施,一部分改造成游船码头,一部分改造成水滨餐馆的室外茶座,还有一部分改造成为皮划艇学校的训练场地。

3)滨河步道

都灵案例中沿波河建立了连续的滨河步道系统。瓦伦蒂诺公园内一条滨河步道联系绿地内曲折的小路和直接抵达河边的小路,与桥梁形成立体交叉,避免桥梁打断步道的连续性。穆拉兹河堤结合线性空间特征建造了一条贯通的滨河步道,通过增设一个临近水面的层次,使游人可以直接接触到河水,丰富了滨河步道的层次。就滨河步道与城市空间的连接方式而言,穆拉兹河堤通过大台阶、坡道、台阶和自然绿地组合等多种连接方式,提供多种可选择的到达路径,加大滨河步道与城市道路的联系,增强滨河地区的可达性。

4)桥梁

桥梁是连接波河两岸空间的枢纽,对于两岸城市空间的缝合起着至关重要的作用。都灵从合理利用的角度出发,探讨桥梁保护方法和可能性,目的是保留城市的历史遗存,续写城市历史。维托里奥大桥所处的地理位置是欣赏两岸广场、教堂和波河景观的最佳观景地点和拍摄地点,大桥本身既是观景点又是景观点,为了促进波河两岸空间的有机结合,学者们曾讨论通过在下游新建一座桥梁优化现有跨河交通,缓解维托里奥大桥的交通压力,使其完全步行化。

5）驳岸

用地局促的时候大多采用直立式刚性驳岸，但这种驳岸形式亲水性不佳，地面与水面高差较大，人们很难直接接触到水面。柔性驳岸是一种生态型的驳岸形式，地面道路与河面之间由草坡过渡，水体边缘的护岸保持原有自然柔性形态的湿地特征，既能防御洪水，又可以营造自然的亲水景观，同时也为水生动、植物提供了适宜的生存环境。瓦伦蒂诺公园案例中主要采用柔性驳岸，满足人们的亲水行为，提供高质量的近水边缘。穆拉兹河堤采用柔性驳岸与刚性驳岸相结合的形式，直立型刚性驳岸局部穿插在草坡绿地中，增加了驳岸的生态性特征，缓解刚性驳岸带来的不亲人的感觉，在局促的城市滨河空间内既能满足防洪的需求又能增加人与自然接触的机会。

（3）自然生态系统

都灵的案例中采取了一系列保护生物文化资源的措施。在瓦伦蒂诺公园案例中强调了保护波河自然遗产（包括水生动植物及它们赖以生存的环境）、堤岸和滨水景观的重要性，包括对该地区的动物和植物物种的保护以及建立丰富的动物区系。水生动植物生态系统及生物多样性是城市滨水空间的唯一性特征，对水生动植物生态系统的保护应该得到足够的重视，通过环境营造保护区域内动植物生态系统及生物的多样性，从而达到城市与自然互相渗透、彼此依托的和谐状态。

（4）历史人文系统

城市历史文脉的延续不仅体现在历史建筑与风貌的保留，更在于传统活动的延续，包含日常休闲活动和民俗活动两大类。都灵试图利用多样化的活动延续城市历史文脉，刺激城市空间改造与建筑更新的行为，而反过来优化空间又是为了鼓励更加多样化的活动，从而形成有吸引力的城市氛围。维托里奥广场改造工程提高了空间的适应性，使其能够容纳各种类型的民俗活动和日常主题休闲活动。瓦伦蒂诺公园案例中提出，在充分保护行为多样性的前提下限制和减少不适宜的活动，减轻对公园造成的过度负荷，并根据活动的时间和类型划分公园多种使用功能，在空间和时间上体现公园的复合使用模式，且随着现代生活的发展，不断衍生出一些新的活动类型。穆拉兹河堤改造工程全面评估区域的洪水危险性，根据活动类型对于基地每天或每年的开放时间提出合理的建议，且活动的类型随时间的推移不断演变。

都灵的案例中提到了空间使用功能的多样化,将城市滨河地区用于旅游、休闲、娱乐、展览等多种活动,以全面提升空间品质。值得注意的是,都灵的案例中多次植入了时间的概念:瓦伦蒂诺公园在空间和时间上体现公园的复合使用模式,穆拉兹河堤上的活动类型随时间的推移不断演变。这一理念值得借鉴,为空间赋予时间的维度,使其能更加生动地为滨水民俗和休闲活动提供载体,更好地延续城市的历史文脉。

6.1.2 组织管理

(1) 整体的规划管理

都灵案例试图推动不同机构和不同项目之间的协调合作,从整体上实施规划,避免重复开发带来的不便,从整体的层面关注城市土地宏观配置、区域联动与协调发展、城市布局与结构形态、大型基础设施的配套与实施、市域环境资源的保护与可持续发展策略等,加强了对城市建设的宏观控制。维托里奥广场改造项目以基地情况和基地周围更大范围内的城市肌理作为区域内各元素及区域外大系统总体规划设计的重要参考,将区域复兴与区域外大系统的总体规划设计联系起来。穆拉兹河堤改造项目对各项公共设施从整体上进行控制,促进市政府和各机构正在实施过程中的各项工程的协调,同时合理处置废弃管道和优化地下排水网络,使地下排水系统更加合理化并保护现存固定装置和遮蔽物,综合了洪水防御工作、管网和交通系统合理化组织工作以及其他无障碍措施和紧急疏散基础设施等,实现了各项工程之间的协调。基于瓦伦蒂诺公园的组成,本地管理部门有效地实施了重组,各部门协调统一运作,包括公共土地、绿地、桥梁、地下管网、排水系统、街道家具、照明、喷泉和纪念物以及三项有环保价值的公用事业(垃圾处理、水、能源),改变碎片式管理方式,并促进构成瓦伦蒂诺公园原始生态系统各部分之间的对话。

(2) 完善的法规导则

关于城市内特定区域的保护法规,都灵针对不同的保护系统,实施了不同的有针对性的法规,例如《都灵波河河滨公园》针对都灵境内位于波河、多拉河、斯图拉河和萨高萘河沿岸的几个城市公园提出了保护方针。此外地方法规确定了滨河保护区系统;2006 修订版的《文化和景观遗产法》中增加了波河沿岸保护区系统领土开发的约束制度;《水文地质环境规划》在与土地利用相协调的价值范围内限制所谓的水文地质危害,以确保人们的安全并减少对区域内财产的损失;《都灵城市公共和私人绿地法规》保护了都灵数量众多的重要绿色遗产,是一个推动、管理和保护都灵绿地空间的重要工具,它提出了对于城市绿色遗产的干预原则和环境补偿原则,还提出建立绿色区域委员会,统管新建及改建的公、私绿化工程。可见都灵对整座城市内的河岸系统、绿地系统等如何保护和管理都有相应的法规约束。

都灵针对每一个工程项目都制定了具体的导则。维托里奥广场项目在现有城市法规的基础上提出设计导则,增强区域使用的识别性,从而达到改善车辆、步行交通条件和区域可达性及服务等级标准的认同,同时导则从具体设计层面,依据同质性和多样性原则,对街道家具基本的物理特性和材料、选址、安装方法等做出规定,协调场地内所有街道家具及装饰元素。瓦伦蒂诺公园被看作城市公园系统中的一个组成部分,公园的保护和发展不再是单个元素,更重要的是它们之间的联系以及这些联系与城市系统的关系。穆拉兹河堤项目对应改造的对象,由相关的法规和导则分为一般层面和具体层面两个层次,分别对整个河堤综合体的各项活动和单项设施与活动进行干预和约束。

（3）广泛的公众参与

公众参与在城市设计过程中经常被提及,然而往往流于形式,真正实现尚有一定难度。都灵的案例中采用有特色的设计方法和管理手段,从根本上实现了公众参与城市设计和建设,通过调整设计和管理方法,建立完善的公众参与机制,为市民参与城市建设提供了良性平台。维托里奥广场和穆拉兹河堤改造项目都运用了弹性设计方法,仅对选择和布置街道家具的原则做出规定而没有任何图像示意,既实现了区域内街道外观整体的统一性,又保留了一定的差异性,丰富了城市景观,为市民、商贩和劳动者提供参与城市空间复兴过程的可能性。此外,穆拉兹河堤改造项目还提倡与市民进行积极主动的交流与沟通,通过图片展、历史文件、旅游手册等方式记录并传播地方传统和历史知识,鼓励市民参与城市更新的决策过程。

6.2 中国历史地段型城市滨河地区公共空间保护更新存在的问题

下文以上海为例剖析中国历史地段型城市滨河地区公共空间保护更新普遍存在的问题。上海是一座典型的"以商兴港、以港兴市"的城市,黄浦江和苏州河是上海的两条重要河流,在上海近代城市的演变过程中占据至关重要的地位。黄浦江外滩段①聚集着建于20世纪初的万国建筑群,展示了上海曾经作为远东最繁华城市的横断面,经改造后的外滩是目前上海滨水公共空间的核心。苏州河滨水地带见证了上海百年工业文明的变迁,随着产业结构的调整,许多沿岸的老厂房改造成为艺术家工作室,伴随复合式文化旅游开发及高尚住宅的营建,形成了今天的苏州河沿岸景观,展示了城市平民生活中多元化的发展脉络。外滩段的保护更新主要体现在渐进式的有机更新过程,相较而言苏州河两岸的更新则主要表现为旧城区的再开发。本书研究的焦点在于城市中心区滨河公共空间的保护和更新,因此以黄浦江沿岸的外滩为对象,借鉴都灵的经验,以期探寻适应中国国情的城市设计策略和组织管理模式。

外滩作为上海百年发展与繁华的象征,浓缩了中国近代政治、经济、文化的发展变迁。长久以来,外滩都是上海最著名的地标场所和城市象征②。在一个半世纪的历史中,外滩由开埠之初的滩涂码头,逐步发展成为上海最具标志性的景观区域和最负盛名的公共活动场所。黄浦江西岸矗立着52幢精美绝伦、风格各异、气势恢宏的大楼,使外滩有了"万国建筑博览群"的美誉,见证了外滩曾为1920—1930年代中国乃至远东地区的金融中心。而浦江另一侧展示的城市风貌则与之完全不同,陆家嘴金融中心"出生"于1980年代,由一组现代摩登建筑群构成现代城市风貌。由此可见,外滩的景观价值不仅仅在于其本身,更多的是依托黄浦江两岸建筑群的独特风貌,两岸建

184

---

① 本书所指外滩段即北起苏州河口南至十六铺水上旅游中心的城市滨河空间,包含外滩源地块。这段城市空间位于城市核心位置,西邻"万国建筑博览群",东面和陆家嘴金融中心隔江相望,经历了长时期的发展演变,历史遗存丰富,与城市空间和城市生活发生密切关系,符合本书对于"历史地段型城市滨河地区"的定义。

② 朱嵘,俞静.从上海外滩建筑改造更新看历史街区的生命力再造.时代建筑,2006,88(2):62

筑风格迥异的特征展示着上海的历史和未来。

1920—1930 年代至今的一百多年间,由于交通工具更替和城市发展的需要,外滩滨水区进行过多次改造,滨江大道不断向东拓展,防汛墙高度不断增加。最初外滩江岸的平台与马路齐平,路上行人可看到黄浦江,也可直接走至江边。1989—1993 年,黄浦公园至新开河约 1 700 米的黄浦江边,构筑起了钢筋混凝土双层空箱式结构的防汛堤,即今日之防汛堤,江岸的观景平台被抬高到较马路有一层楼的高度,外滩空间发生了根本性的变化。新的防汛堤在一定程度上解决了外滩的交通、防汛、观景、活动等问题,但随着市民、游客对公共活动需求品质的提高,公共空间品质和环境建设等问题逐渐显现出来。借 2010 年上海举办世界博览会的契机,外滩又经历了一次一体化、全方位的系统改造[①],地面道路改造为双向四车道,释放了部分地面城市空间[②],增加了外滩的公共步行道路与绿地空间。纵观上海历史地段型城市滨河地区保护更新的历程,虽取得了一定积极成果,但还存在以下几方面问题值得探讨。

6.2.1　缺乏整体管理

城市滨河地区的更新需要解决一系列问题,往往涉及水利、交通、城市建设、环境保护、历史文化保护、规划等诸多部门。这些问题的解决需要各职能部门通力合作,密切配合,给更新工作创造一个良好的环境。而中国现在还处于城市滨河地区更新的初期,原有的城市管理体制和方法存在明显的条块分割现象,各个职能部门各自为政,通常只是维护自己的利益,缺少共同合作的理念,因此造成效率低下,制约了城市设计的实施和深化,使许多城市建设难以统一协调。2007 年 4 月由原上海市规划局、原上海市市政局、上海市浦江办公室和黄浦区政府共同组织了上海外滩滨水区城市设计方案国际征集工作。上海外滩改造工程涉及空间景观的整体营造和公共活动空间的组织、黄浦江的防汛要求和防汛空箱的结构安全、城市道路与交通

---

①　2007 年 8 月,上海市政府启动了"外滩综合改造工程",通过实施外滩通道建设、滨水区改造、截渗墙改造、新延东排水系统改造、公交枢纽和地下公建开发等六大工程项目,对外滩实施一体化、全方位的系统改造。

②　此举措是与外滩密切相关的"井"字形交通工程的一部分。该工程通过兴建全封闭或半封闭的专用通道及越江隧道,在浦江两岸形成"井"字形框架,构建上海 CBD 核心区一体化交通。

系统建设、地下各类市政管线的避让和敷设空间、绿化配置、日常应急管理以及施工工期等多方面问题,如何在保证各市政基础设施安全的前提下保持城市设计方案与外滩地下通道工程、空箱防汛墙防渗加固工程的良好衔接,做到同步实施、同步完工是本次城市设计的关键。因此很有必要成立一个专门的协调管理机构统筹管理各项事务,以促进不同机构和不同项目之间的协调合作,从整体上保证规划和设计的顺利实施。

6.2.2 专项法规缺失

参见第3章内容,可以看出我国文化遗产保护的立法体系亟待健全。我国滨河地区的更新量大面广、涉及内容复杂,因此,滨河地区保护更新的城市设计必须遵循相关法律、规范的要求。例如,《城市规划法》《城市规划编制办法》等是城市设计的基础和底线,也是塑造城市空间最有力的工具,是城市建设的行动准则[①]。但是,由于目前我国仍无专门的城市历史地段保护更新专项法规,而现行的有关城市规划与建筑管理、土地利用管理、房地产管理、环境保护以及文物保护等相关法规虽然已形成了滨水区开发法律法规体系的基本框架,但现实的情况与这些法规的既定目标之间仍存在很大差距,存在着政策法规的原则性与可实施性之间缺乏有机联系,规划控制缺乏动态适应性,各种政策法规之间相互协调不足,缺乏权威的执法机构和社会监督机制等问题[②]。对于历史地段型城市滨河地区的保护更新,现在可以参照的国家级法律仅有《中华人民共和国文物保护法》和《中华人民共和国文物保护暂行条例》,两部法规将历史建筑与历史地段型城市滨河地区的保护和更新与其他的文物考古活动一同进行管理,其中关于城市滨河地区保护的部分较为单薄,不足以指导和规范大量进行中的此类活动。目前可以参照的上海地方法规主要是《上海市历史文化风貌区和优秀历史建筑保护条例》和《上海市历史文化风貌区保护规划》,而这两部法规关于历史文化风貌区和历史建筑的保护条例停留在城市空间与建筑层面,在城市环境和景观的保护方面尚显不足。关于历史地段型城市滨河地区的保护更新,法规的深度往往不足,实施起来指导性不强。所以,完善有关滨河地区保护更新

186

① 栾春凤. 城市滨河地区更新的城市设计策略研究. 南京:南京林业大学,2009:185
② 谢华春. 宁波城市滨水区环境规划设计研究. 北京:北京林业大学,2007

的城市专项法规是当务之急。

6.2.3 设计缺乏弹性

凯文·林奇在《城市设计定义及其教育》(1982)一文中提出,城市设计是通过"设计方针、设计计划和设计导则,而不是通过特别详尽的形状和位置的蓝图规定来形成城市"。J.巴奈特,当代美国最著名的城市设计专家之一,认为规划不是设计城市的整体形态,而是确定适宜的设计规范和开发原则。他在《城市设计概论》(1982)中指出城市设计是一连串的行政决策过程和环境的塑造过程,是一个既有创意又有发展弹性的过程,而不是建立完美的终极蓝图。由此可见,城市滨河地区的城市规划和设计成果应是一种动态、循序渐进且具有一定弹性的规划设计成果,并能适时按需做出一定的调整。有弹性的规划设计能给区域今后的发展留有足够的运动空间,容许项目置换、形态变更、景观演化的多解模式,从而促使区域朝着最优的方向发展。而目前我国城市设计大多以可直接实现的物质空间形态的表达为成果,缺乏对城市设计导则的重视。有时即使制定了城市设计导则,也往往由于评价标准的不健全而导致混乱。城市设计导则的目的在于弥补纯形态的成果在面临条件转变时的弹性缺乏,以及在实施管理方面存在的指导性缺陷,对城市空间形态进行控制建议,并制定一套可以随着需求和时间的改变而弹性修订的导控结合的规则。城市设计导则要能够达到一种"松弛的限定"的目的,不会过多限制实施过程中的自由,更有利于创造出丰富而有创意的城市空间。

6.2.4 公众参与不足

自1960年代中期开始,公众参与在西方社会成为城市规划的重要组成部分[①],随着人们生活水平的提高,公众越来越重视生活的环境和质量,参与决策的意识不断增强。在这种背景下,公众参与城市规划的概念开始从西方国家引入我国规划界,公众参与城市规划开始成为规划界普遍关注和讨论的问题之一。但在我国,公众参与在城市设计过程中经常被提及,然而往往流于形式,真正实现尚有一定难度。从总体情况来看,我国的公众参与还

---

① 陈志诚,曹荣林,朱兴平.国外城市规划公众参与及借鉴.城市问题,2003(5):72-75

处于一个起步阶段,无论是公众参与的立法、制度、机构组织,还是从具体的运行方式来看,公众参与机制尚未成熟。纵观中国现阶段的市民参与方式,可谓是"被动式"的参与①。虽然目前上海已经开始试图将一些大型工程的最终方案公示于众并接纳各界的建议和意见,但最终对方案起决定作用的仍然是行业专家和城市管理者,由于相关专业知识的匮乏,普通市民很难提出有建设性的建议,即使少数有建树的市民能够提出一些有益的建议,也往往因为机制的不健全而难以被采纳。城市滨河地区属于公共区域,在改造更新的过程中必须协调好政府、开发商与公众的利益关系,同时建立良好的沟通渠道,鼓励公众的参与,给予利害关系人以充分的参与机会,才能保证保护更新工作的顺利实施。

6.2.5 文化传承缺失

城市形态与城市文化之间有一种相对应的关系。任何一种城市形态都不仅仅是空间的概念,它是经过文化长期积淀和作用而形成的。城市形态是城市在过去岁月中的印记,因此城市形态的形成过程中往往并存着不同时代的轨迹。城市滨河地区具有丰富的历史资源和文物古迹,其更新过程如果不能和城市传统文化很好地结合起来,往往就会丧失其原有的文化内涵。目前国内普遍存在城市滨河地区过度开发的现象,有的开发项目对原有的历史文化的物质载体,如建筑物、历史遗迹等一律拆除而非修复,破坏和损毁了大量有价值的历史资料;对现存的古建筑或景点不加考虑,任意在其附近大规模、大体量地开发,不能融合地区特征,严重破坏了原有的滨水特色和轮廓,人为地割裂城市的空间形态。上海外滩在城市发展的历史过程中积淀了浓厚的、独具特色的城市文化和城市形态,然而经历了几轮更新改造之后,原来"滩"的城市空间荡然无存,取而代之的是一道生硬的混凝土墙,割裂了城市与水的关系,切断了市民对于"滩"的记忆,造成了城市文化的流失。城市空间只有具有了自己的地方特征,才能真正吸引人的注意,给人以深刻的印象,这是城市空间可识别性的元素之一。因此,如何让滨河地区的发展保持可持续的生命力,如何在更新建设过程中使历史文脉得到延

① 张伊娜,王桂新.旧城改造的社会性思考.城市问题,2007(7):97-101

续,已成为一个亟待解决又非常复杂的问题。

6.2.6　亲水性待提高

随着经济水平的提高,人们开始渴望和追求更高层次的物质生活环境和精神享受。城市滨河地区,由于拥有独特的景观特征而具有极大的吸引力,成为人们喜爱的开放空间,因此应注重其空间的参与性,通过多种方式,让人们参与到各种活动中去,增加空间的吸引力。亲水性直接影响滨水区的空间品质,城市滨河地区的保护更新必须满足人的行为和心理需求,尽可能做到"可见""可近""可触"的水。这一区域空间往往集防洪防汛、交通运输、观光旅游、文化休闲、娱乐购物于一体,而其中防洪防汛是最基本的必要条件。因此目前国内往往为了满足高标准的防洪要求,一味提高直立式护岸的高度,使人们高于水面之上,毫无亲水性而言。上海外滩就是按照千年一遇的标准设防,采取了直立式的防汛空箱设计,不仅使人们不易亲近水,还增加了水上游人的压迫感。来自城市的人群在没有到达防汛空箱顶部的时候完全看不到水,也感受不到水体的存在,而到达防汛空箱顶部后尽管能看到水体但是很难接触到它,加之外滩整个横向空间冗长,导致城市滨河空间呆板,缺乏趣味性和参与性,使游人很难在此长时间停留,除了拍照留念外游人几乎没有什么乐趣可言。城市滨河地区改造更新过程中应重视"亲水性"原则,充分理解"水"作为独特的要素给人带来的亲近感,尽可能创造使人们更方便地通过各种感观感受水体的机会,达到不论四季水面如何涨落,人们都可触水、戏水、玩水,把城市滨河地区建设成为具有良好生态效益的优美景观带,成为人们亲近自然、享受绿色、阳光和新鲜空气的最佳场所。

6.2.7　可达性待增强

滨水地区的可达性即人们能够接近水体的难易程度。垂直于水体的道路是引导人们进入滨水区的有效途径,由于到达城市滨河地区的人们多数采用步行的方式,因此应建立慢行的、适宜于步行的道路联系城市腹地与滨河区,还应沿河建立完整的滨河步道,在整个滨河地区构建完善的步行系统,利于游人在该区域内自由步行游览。外滩在改造前,人们要通过长长的地下通道才能到达滨水岸边的防洪堤,无法直接快捷地接触到水体空间。改造后过境车辆从地下穿行,地面仅保留双向四车道和两个紧急停车带,行人穿越中山东路的步行交通得到大大改善。但在空间上接近水体还不能够说明其可达程度,视觉上的可达性也是一个重要的评价因素。走在黄浦江边的中山东路上,虽然在物理空间上接近了水体,但是仍然没法感受到水的存在,人为造成的视线阻隔干扰了人们对于存在于滨水空间的感受。因此提高滨河空间的可达性,不仅要建立起滨河区的步行交通体系,通过垂直和平行于水体的步行道路连接起城市腹地与滨河沿岸地区,使人们能够方便而灵活地接近滨河地区,还要留出通向水面的视线通廊,结合防汛、道路剖面等设计,让人们能够无阻碍地观赏到水面及其对岸的景色。

6.2.8 生态性待改善

水环境是城市滨河地区空间区别于其他城市公共空间的显著要素,也是滨河岸地景观的主要构成要素。水环境除了水体本身以外,还包括滨河驳岸的生态环境、岸线上的绿化景观等组成的自然物质环境。上海外滩现状的驳岸人工化严重,整个驳岸由混凝土防汛空箱构成,这就造成了外滩地区植被减少,生物多样性受损,原有水生动植物生态系统的平衡被打破,进而导致环境容量超载,开发超出环境承载能力,对构成资源吸引力的景观要素及环境质量造成破坏。外滩的改造工程在保护生态环境方面做出了不少努力,主要表现在保护绿地系统,尊重现状绿化与环境,完整地保留黄浦公园的植被系统,通过增加乔木与灌木形成立体绿化、增设硬地树阵、设置垂墙绿化等方式,改造后的外滩绿化率相比改造之前并没有质的提高,但是经过合理培植,外滩的景观环境改善了不少。但绿化、景观仅仅是生态系统中的一部分,城市滨河地区生态性的改善有赖于对水生动植物系统持续有效的保护,因此为恢复滨水岸地空间生态功能,生态化驳岸的处理方法便成为必然。

6.3 意大利经验对中国的启示

6.3.1 整合规划管理

发展定位从整体层面入手,将单个项目作为刺激周边地区乃至整个城市复兴的机遇。促进不同机构和不同项目之间的协调合作,从整体上实施规划和设计,避免重复开发带来的麻烦。发挥政府主导作用,建立由政府引导调控的运作机制,设立专门协调管理机构,并制定公共政策。通过城市设计的奖励措施、平衡方式和税收调整等手法,不仅补充、完善和解释法律工具的未尽之处,也使滨河地区的发展在特殊工具的作用下,有了灵活处理的可能性。唯有在各部门协调一致的基础上,确立可持续发展法治理念,才能正确处理城市滨河地区保护与更新之间的矛盾,既实现经济的有序稳定发展,又保证城市滨河地区景观风貌得到有效保护并获得持续的恢复补偿。

6.3.2　健全专项法规

建立完善的分级保护框架,以确保保护原则和理念从国家层面到具体项目的顺利实施。城市滨河地区更新的政策法规体系应制定新的、针对性强和监控机制更有力的政策法规体系,弥补现行法律法规中存在的空缺,特别是法律覆盖面的不足,这是滨河地区更新中解决现实问题的有效方法。具体可由资源保护利用、环境保护改善、防洪综合立法、建筑风貌保护、社会经济发展、配套政策法规等方面构成,并建立相应的社会参与机制和执法监控机制,从而保证总的法律体系的有效实施。尤其针对城市滨河地区还应当细化保护法规,完善有关滨河地区更新的城市法规,针对城市中的绿地、水体等景观组成系统制定专项保护法规,以便于从整体上提升城市的景观和环境品质。同时,应结合地方的特殊背景和实际情况,将滨河地区更新的城市设计地位、内容、编制要求、审批办法等以地方法规的形式写进法律文件,成立地方性法规。法规的健全和丰富,将对滨河地区更新建设起到更好的控制和引导作用,也避免了设计和研究的各自为政。

6.3.3　制定设计导则

建立城市滨水公共空间保护的政策法规和规划管理制度,延展滨水空间规划管理的尺度与深度。在城市滨河地区的更新设计中全面而系统地运用城市设计导则,以导则作为城市设计和规划内容在日后建设和开发过程中逐步实施的基本保证,对整个滨河地区从平面到空间、从保护到创新、从自然到历史等进行全面控制与组织。针对具体工程制定一套可以随着需求和时间的改变而弹性修订的导控结合的城市设计导则,从微观层面指导和约束保护工作的进行,弥补纯形态的成果在面临条件转变时的弹性缺乏以及在实施管理方面存在的指导性缺陷,对城市空间形态进行控制建议。

6.3.4　鼓励公众参与

公众是城市滨河地区的使用者,只有大众参与设计和实施才能真正创造出最具地方特色和场所精神的丰富多样、充满活力的公共空间,所以应提倡公众积极参与滨河地区更新的全过程,即让公众参与从评判方案、目标确定、到建设乃至管理的整个更新过程。上海宜借鉴都灵的经验,鼓励公众参与,通过调整设计和管理方法,建立完善的公众参与的机制,为市民参与城市建设提供良性平台,在进行城市设计和设计实施的过程中为公众参与留有一定的灵活性和自由度,激发市民的创造力并鼓励他们参与到城市空间复兴的过程中去。但鉴于目前上海的市民、商贩和劳动者往往对于城市历史和文化的理解度普遍不够深入,公众参与的实现应当建立在提高城市居民整体文化素养的基础上,因此还应通过各种宣传手段推广传统文化知识和教育,使其能够积极地、理性地为城市建设提供有益的建议和贡献。

6.3.5　延续历史文脉

城市滨河地区的建筑和空间承载了这一地区长期的、大量的人的活动,有着丰富的场所意义和历史文脉。在保护更新的过程中,需要努力挖掘地方特色,充分了解地域文化和历史,将其精髓和灵魂传承下去。历史文脉的延续,是把滨河地区的形成看作特定文化的产物,并因此强调连续变化和有机生长。总体而言历史文脉的延续包含物的延续和精神的延续两个层面。

（1）物的延续

对滨河历史文脉的传承主要表现在对历史建筑（包括构筑物）及传统空间尺度的保护。对于以历史建筑为主要景观的历史滨水区,要在充分保护建筑外貌的同时积极转换空间功能,通过功能转型和其他技术手段实现旧建筑再利用,提升它的利用率和空间活力,满足现代功能并保留历史风貌,同时还要突出建筑群的整体效果,处理好建筑与水的关系。针对滨河地区的构筑物和街道家具采用弹性设计方法,以利于城市景观多样性和统一性的表达,为城市生活增添活力。对于码头设施等代表城市滨河地区鲜明特色的"历史遗存"进行改造和再利用,改造成适应现代功能需求的码头、渡头,或赋予休憩、娱乐、游览等新的功能,既可作为历史和生活的延续,又是结合现状的有效利用。对早期保存下来的桥梁,利用现代的技术手段进行加固和修缮,保证桥梁的安全性和美学特性,保留滨河地区的标志性景观,与现代景观设计相协调。

(2)精神的延续

延续滨河地区的传统民俗活动和休闲活动,利用这些活动刺激城市空间改造与建筑更新的行为,反之,通过优化建筑与城市空间来鼓励多样化的活动,形成有吸引力的城市空间。同时在空间中还应引入时间的概念,各种活动应随时间的推移而不断演变或更替,在空间组织上考虑每日性和节日性的时间特色,提供时限性的大型庆典活动的场所等等。除了强调地域感,也要强调偶发性,只有在环境中表现时间性才能使城市居民和城市滨河地段空间建立浓厚的感情。上海外滩应该利用其地理和空间优势,定期举办传统民俗活动和休闲活动,使滨河地段既有传统韵味又体现时代发展,为其注入新的活力,形成新的文化脉络。近年来举办的外滩灯光秀就是很好的尝试,将历史建筑与现代技术紧密结合,为市民展示出既现代时尚又不失历史韵味的城市空间形象。诸如此类的活动非常值得提倡,活动类型有待丰富,尤其应当探索更多有利于促进市民参与的活动类型,活动举办的频率还有待提高。

历史文脉的保护与延续是滨河地区更新发展的根与源,如果不能正确地认识这一根与源的本质,将使得城市在丧失传统的同时被现代所抛弃。它应该是在保护基础上发展,在发展过程中更新,当一座城市能够深刻地体验它的历史演绎中沉淀下来的文化传统时,就能够正确地认识自身并外延其独有的景观、气质、特色,也才能够建立持久的吸引力。

6.3.6 提升空间活力

(1)鼓励功能混合

滨河地区作为城市中一个独特的组成部分,其对历史文脉的承袭、长期的人文和自然因素的沉淀,都决定了该地段的环境中包含了许多因素,是一个完整的有机体。因此,在滨河地区应进行综合性功能建设,使各种用途的合理交织,形成多样的用地平衡,这也是城市生活多向性、多元化的必然体现。"集中"体现了城市设计的学科特征,多样功能之间的互相组合将体现出"整体大于部分之和"的集聚效应,激发出滨河地区更大的发展潜能[①]。例如,在上海的外滩,采用功能复合布局综合利用土地,将购物、休闲、娱乐、展览、运动等功能组织在一起,可以有效地增加滨河区的吸引力,提升地区活力。除了要求土地使用过程中任何时刻都要有较高的使用率,土地综合使用还要求对地上、地面、地下各层次空间进行综合开发,沿河地带平面与立体布置相结合,以充分提高土地、空间的利用率,满足游客与居民多样化的需求,以便形成生机勃勃的持久发展的地区环境。

(2) 营造亲水空间

历史地段型城市滨河地区要营造的是一种历史氛围、一种心灵感受,而人们只有参与其中才能真正有所体会,因此,要延续和再现人们心中向往的滨河空间,就要努力为人们创造产生滨水活动的机会,支持人们的行为活动,使之产生心灵的共鸣和归属感。人在参与中通过观感、触摸等方式感知事物的特性,获得感受的乐趣,人通过参与活动才能感受生命的活力和自我的存在。亲水空间表现为多种参与和公众交流方式,如设置戏水喷泉、划船、钓鱼、给水禽喂食等场所,充分调动人的视觉、嗅觉、触觉等,最大限度地让人参与。此外,为大众艺术制造"看"与被"看"的空间,在适当的位置提供表演的空间和设施,如露天舞台、可供行人绘画的展示板或墙体等。外滩段应在现有空间基础上适宜地增加亲水空间,在将防洪作为头等重要的因素考虑的基础上,利用其他处理方式和技术手段达到防洪与亲水的平衡。如采用阶梯式的护岸形式或跌落的亲水平台,形成丰富的竖向变化和不同形式的亲水空间,拉近人和水之间的关系,使人们在不同水位时都感受开敞的水域空间;或采用移动式闸门,在洪水来临时开启起到泄洪的作用,平时闸门关闭则可以塑造开敞的亲水空间。另外,还要创造丰富、多样的亲水空间,打破单调的空间形式,如利用景观序列的模式创造不同的主题空间,同时将水域与岸上空间充分联系起来,创造可以让人们参与和交往的场所,从而丰富整个滨水区的空间结构。

---

① 王一. 从城市要素到城市设计要素——探索一种基于系统整合的城市设计观. 新建筑,2005(3):53-56

（3）打通视线走廊

打通城市内景观与滨水区景观的视觉联系通道,有利于将水体景观尽可能多地"渗透"到城市纵深腹地,提升人对水的感知,使滨河区域对市民产生吸引力,让更多市民感受到并享用到滨水资源。上海外滩的防汛空箱割裂了城市与水的关系,影响了城市滨水空间品质,宜选取几个重要节点,例如在南京路路口、福州路路口等几个重要的道路交叉口,采用可移动式闸门,将局部空间打开,从而既有利于营造多层次的亲水空间,又有利于将水体景观引入到城市腹地,加强市民对滨河地区的认知,增强城市滨河地区的空间吸引力。

6.3.7　完善步行系统

在城市滨河地区交通设置方面,要兼顾交通性与生活性功能。一方面要加强历史滨河区与整个城市的联系,综合各种交通形式,优化到达水域的交通通达性,组织立体化的高效交通,通过垂直空间的交通组织实现人车分流,减少机动车对于滨水区域的干扰,构建合理的路网组织模式。另一方面要遵循系统性、连续性和立体化的原则,建立连续的、宜人的休闲步行系统,创造独具特色的滨水游步道、滨水公园等,通过大台阶、坡道和自然绿地等多种方式连接滨河步道与堤岸,加强滨河步道与城市公共空间的联系,增强滨河地区的可达性。

6.3.8　构建生态驳岸

在满足防洪防汛功能要求的前提下,从生态学角度出发,利用种植植被合理培植等方式保持滨水区域的水陆生态平衡,形成生态驳岸。生态驳岸是恢复滨水岸地空间生态功能的重要手段。在驳岸的断面设计上因地制宜,结合防汛和地势情况进行不同的竖向设计,模拟水系形成自然过程中所形成的典型地貌,如河口及湿地等。在条件允许的滨水岸地,可采用绿化护岸、碎石护岸等生态护岸措施。这种"可渗透性"的人工护岸可以充分保证河岸与河流之间的水分交换和调节功能,同时还具有抗洪的基础功能。在缺乏自然地貌的情况下,要采取各种措施保证黄浦江自然景观不受到污染和侵害,保护滨水区的生态环境,如对各种生态资源、生物多样性、自然资源、水系等的保护,维持其自身的稳定性和生长演替性,增强可持续发展能力。此外,还可考虑在滨河岸地的生态敏感区引入天然生态植被,建立滨河生态保护区或滨河绿色生态廊道等。

本章小结

　　历史地段型城市滨河地区保护更新中除了需要正确的设计理念、有效的设计方法和手段外,还需要前期相关政策的引导和规范,以及更新中和更新后的严格管理和维护。本章以上海为例深入剖析了中国历史地段型城市滨河地区保护更新中存在的几个普遍问题,有针对性地借鉴意大利经验并得出启示:整合规划管理、健全专项法规、制定设计导则、鼓励公众参与、延续历史文脉、提升空间活力、完善步行系统、构建生态驳岸。其中前四项涉及政策法规和组织管理问题,直接决定着各项策略能否得以顺利实施,后四项从技术层面提出具体的保护更新策略。

后　记

　　本书的核心概念,历史地段型城市滨河地区,是城市中心地段的滨水线性空间,是城市中发展最早的地区,蕴含着丰富的文化信息资源和真实的历史遗存。因此应将城市中心滨河地区视作城市的遗产,探讨其保护、利用和发扬的方法,使其特色得以发扬,促进城市的可持续发展。本书从遗产保护的视角切入主题,从城市设计的层面谈城市中心带有丰富历史遗存的滨水区公共空间的保护和更新,探讨如何在快速的城市化进程中使城市滨河地区的历史特色得以发扬。城市设计的运作一般存在着设计、管理、实施三个方面的组织要素。要保障城市设计的顺利运行,即在城市设计的各个环节、各个方面实现既定的计划,需要一系列有序措施和管理。本书主要从制度保障、策略实施保障和保护更新策略三个层面深入分析意大利都灵的案例,总结出其保护更新的经验,并针对中国目前存在的问题得出启示。通过以上章节的论述、分析,可以得出以下结论,以期针对我国历史地段型城市滨

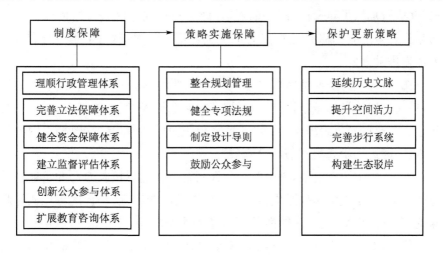

河地区的保护更新提出具有普遍意义的对策与建议。

本书并没有试图创造出一种城市滨河地区保护与更新的新理论,而是在已有的理念、思想和理论的基础上,尝试创造一种规范化的城市设计及管理体系,真正实现对于历史地段型城市滨河地区公共空间保护更新项目从宏观到微观的控制。上篇关于遗产保护制度的论述和结论,可以看作普适性的理论基础,适用于各种类型的遗产保护工作,当然也适用于历史地段型城市滨河地区的保护更新工作。下篇关于策略实施保障及保护更新策略的论述主要针对意大利都灵的案例展开,其结论是针对目前中国存在的问题而提出的,以上海为例在国内尤其是东南沿海区域具有一定代表性,因此本书的方法具有一定普适性。

书中关于意大利的法律法规和都灵城市发展的历史、滨河地区历史演进过程以及城市滨河地区三个案例做了较为详尽的叙述,并结合笔者在都灵两年的留学经历。书本资料均译自意文原版文献,其中大量图片来源于都灵档案馆馆藏资料,还有笔者实地拍摄的照片资料,希望这些历史研究基础资料能为相关研究奠定基础。

笔者试图立足遗产保护和城市设计的视角,紧紧围绕历史地段型城市滨河地区公共空间的保护更新这一对象展开论述,从制度保障、策略实施保障和保护更新策略三个层面逐步充实完善。在这个完整的研究过程中,笔者深切地理解了科学研究的严肃性,提高了逻辑思维能力,同时加强了理论知识学习,加深了对遗产保护知识的理解和对滨河地区公共空间保护更新城市设计方法的理解。但由于时间、精力和语言的限制,书中难免会有浅薄及值得推敲之处。

第一,为了对滨河地区公共空间保护更新的理论和方法有更透彻的研究,应突破建筑学和城市设计的有限范畴,融合更多学科,如景观设计学、心理学、大众行为学、经济学、城市规划学、历史地理学等等,这些相关内容的加入,才能进一步充实本书理论体系。

第二,由于语言所限,书中关于意大利管理和运行机制方面的论述还不全面,如关于都灵滨河地区更新的信息反馈制度的研究、具体的管理实施政策的制定等重要问题都未能涉及,力争在今后研究中,弥补这些缺憾。

第三,本书确立的城市滨河地区保护更新的城市设计策略框架是粗略的，因此，还要从各个研究领域继续充实框架体系的研究，实现可持续发展的总体目标，并且在具体运用时，还需要做进一步的论证和调整。

第四，鉴于意大利语掌握的程度，笔者对意文原版文献的理解难免有疏漏和偏颇，有待同行专家、学者批评指正。

至此，书稿虽已完成，但真正的研究才刚刚开始。尤其目前中国处于快速城市化发展时期，随着遗产保护以及城市设计理论的不断发展，对历史地段型城市滨河地区公共空间保护更新的认识也会不断发展，针对这个问题将会有新的理论与实践不断产生。希望本书能够抛砖引玉，对今后我国相关理论研究和实践操作能有些许借鉴意义。

中外文缩略语对照表

缩　写	外文名称	中文名称
档案馆		
AEPT	Archivio Ente Provinciale del Turismo	旅游管理档案馆
ASCT	Archivio Storico della Città di Torino	都灵城市历史档案馆
AST	Archivio di Stato di Torino	国家档案馆
组织机构		
APUR	Agence de Planification Urbaine et Régionale	城市和区域规划局
ASEAN	Association of Southeast Asian Nations	东盟
CENSIS	Centro Studi Investimenti Sociali	社会投资研究中心
CIAM	Congrès International d'Architecture Moderne	国际现代建筑大会
EP	European Parliament	欧洲议会
ICCROM	International Centre for the Study of the Preservation and Restoration of Cultural Property	国际文化财产保护与修复研究中心
ICOMOS	International Council on Monuments and Sites	国际古迹遗址理事会
IFLA	International Federation of Landscape Architects	国际风景园林师联合会
ICCW	International Center of Cities on Water	国际滨水城市研究中心
NGO	Non-Governmental Organizations	非政府组织
NPO	Non-Profit Organizations	非营利组织

NRHP	National Register of Historic Places	国家古迹名录
OWHC	Organization of World Heritage Cities	世界遗产城市组织
SPAB	The Society for the Protection of Ancient Buildings	古建筑保护协会
SSD	Settore Gestione Verde	环保管理部门
TICCIH	The International Conference on the Conservation of the Industrial Heritage	国际产业遗产保护联合会
UNESCO	United Nations Educational，Scientific and Cultural Organization	联合国教科文组织
WAC	Waterfront Center	滨水地区研究中心
WARRC	Waterfront Revitalization Research Center	滨水更新研究中心

法律词汇

DLgs	decreto legislativo	法令
DPCM	decreto del presidente del consiglio dei ministri	总统令
DPR	decreto presidente repubblica	共和国总统令
L	legge	法律
R	regolazione	法规

规划词汇

HSP	hydro-geological setting plan	水文地质环境规划
PdR	piano di recupero	复兴计划
PEC	piano esecutivo convenzionate	执行规划条例
PEEP	piano per l'edilizia economica popolare	公共建筑经济计划
PIA	progetti integrati d'ambito	区域一体化工程
PIP	piano per insediamenti produttivi	工业区规划
PLC	piano di lottizzazione convenzionata	发展规划
PP	piano particolareggiato	详细规划
PRG	piano regolatore generale	整体控制规划

参 考 文 献

中文文献

1. 卞素萍. 城市滨水区空间环境更新研究. 南京:南京工业大学,2005

2. 滨水区景观设计. 日本土木学会,2002

3. 滨水区域景观规划. 上林国际文化有限公司,2006

4. 常青,张鹏,王红军."外滩源"实验——外滩源原英国领事馆地段的保护与更新. 新建筑, 2002, 81(2)

5. 陈从周,章明. 上海近代建筑史稿. 上海:三联书店上海分店,1988

6. 陈德雄. 文化·空间·生态·载体——滨水地区城市设计的四大要素. 规划师,2002,18(8)

7. 陈曦. 历史滨水区更新中的旅游开发与城市设计. 新建筑,2005(2)

8. 陈志华. 意大利古建筑散记. 北京:中国建筑工业出版社,1996

9. 城市滨水区开发. 全球水上城市中心,1997

10. 程世丹,李志刚. 城市滨水区更新中的城市设计策略. 武汉大学学报(工学版),2004,37(4)

11. 戴明. 上海市历史风貌保护规划管理实践和探索. 上海城市规划,2010,94(5)

12. 戴志中,郑圣峰. 城市桥空间. 南京:东南大学出版社,2003

13. 董鉴泓,阮仪三. 名城鉴赏与保护. 上海:同济大学出版社,1999

14. 董莉莉,杨兆奇. 对于我国城市文化遗产保护制度现实问题的思考. 青岛理工大学学报, 2010,31(3)

15. 董莉莉,郁雯雯. 中西方城市文化遗产保护的历程. 青岛理工大学学报,2010,31(2)

16. Frans H J M Coenen. LA21 过程对于公众参与规划改革的潜在作用. 国外城市规划,2002 (2)

17. 方慧倩. 滨水景观. 沈阳:辽宁科学技术出版社,2011

18. 高翔. 跨河地区城市设计. 长沙:中南大学,2007

19. 贡宇. 城市滨水景观塑造中的文化再生——德阳市旌湖滨水景观规划设计构思. 中国园林, 2003,19(7)

20. 顾红,金轶峰,白浩哲,等. 城市核心滨水区的重生——上海外滩滨水区综合改造工程. 园林,2011,228(4)

21. 顾军,苑利.文化遗产报告——世界文化遗产保护运动的理论与实践.北京:社会科学文献出版社,2005

22. 郭春华,李宏彬.滨水植物景观建设初探.中国园林,2005(4)

23. 国家文物局法制处.国际保护文化遗产法律文件选编.北京:紫禁城出版社,1993

24. 郝靖欣,赵明,张希晨.滨水区域改造探析——以浙江瑞安滨江二期工程改建为例.规划师,2002,18(4)

25. 何洁玉,常春颜,唐小涛.意大利文化遗产保护概述.中南林业科技大学学报(社会科学版),2011,5(10)

26. 胡晓聪.城市滨河旧区环境更新设计的理论与实践.咸阳:西北农林科技大学,2006

27. 黄正骊,莫天伟.柏林 Media Spree 滨河区域的复兴.城市建筑,2010,65(2)

28. 凯文·林奇.城市意象.方益萍,何晓军,译.北京:华夏出版社,2001

29. J 巴奈特.都市设计概论.庄建德,译.台湾:尚林出版社,1984

30. J 柯克·欧文.西方古建古迹保护理念与实践.秦丽,译.北京:中国电力出版社,2005

31. [美]L 芒福德.城市发展史——起源、演变和前景.倪文彦,宋俊岭,译.北京:中国建筑工业出版社,1989

32. 老兵.外滩源——上海开发历史新价值.上海财税,2003(2)

33. 李其荣.城市规划与历史文化保护.南京:东南大学出版社,2003

34. 李永春.我国城市滨河旧区景观规划设计与更新研究——以珠江沿岸景观规划设计实践为例.上海:同济大学,2008

35. 联合国教科文组织.世界文化报告——文化的多样性、冲突与多元共存.关世杰,等,译.北京:北京大学出版社,2002

36. 梁思成.梁思成全集(第四卷、第五卷).北京:中国建筑工业出版社,2001

37. 林源.中国建筑遗产保护基础理论研究.西安:西安建筑科技大学,2007

38. 刘滨谊.现代景观规划设计.第 3 版.南京:东南大学出版社,2010

39. 刘滨谊,周江.论景观水系整治中的护岸规划设计.中国园林,2004,20(3)

40. 刘滨谊,等.城市滨水区景观规划设计.南京:东南大学出版社,2006

41. 刘桂庭.意大利的名城保护.城市发展研究,1996(5)

42. 刘开明.城市线性滨水区空间环境研究——以上海黄浦江和苏州河为例.上海:同济大学,2007

43. 刘立硕.巴黎塞纳河沿河地带功能开发及对淮安市里运河的启示.规划师,2006,22(9)

44. 刘临安.意大利建筑文化遗产保护概观.规划师,1996(1)

45. 刘云.上海苏州河滨水区环境更新与开发研究.时代建筑,1999(3)

46. 刘志尧.城市滨水区再开发的一则实例——伦敦道克兰地区改造复兴工程述评.时代建筑,1999(3)

47. 龙运荣.从意大利和英国管理模式看我国文化遗产保护的新思路.湖北社会科学,2010(7)

48. 陆迪民. 中外城市滨水区开发比较研究. 求实, 2010(S2)

49. 陆邵明. 近现代外滩地区城市空间结构及其相关因素的演变研究. 建筑史论文集(第11辑). 北京:清华大学, 1999

50. 陆邵明. 是废墟, 还是景观? ——城市码头工业区开发与设计研究. 华中建筑, 1999, 17(2)

51. 栾春凤. 城市滨河地区更新的城市设计策略研究. 南京:南京林业大学, 2009

52. 罗小未. 上海建筑指南. 上海:上海人民美术出版社, 1996

53. 吕舟.《威尼斯宪章》的精神与《中国文物古迹保护准则》. 建筑史论文集, 2002, 15(1)

54. 城市土地研究学会. 都市滨水区规划. 马青, 马雪梅, 李殿生, 等, 译. 沈阳:辽宁科学技术出版社, 2007

55. 马学强. 黄浦江与上海城市发展. 档案与史学, 2003(2)

56. 莫修权. 滨河旧区更新设计——以漕运为切入点的人文理念探索. 北京:清华大学, 2003

57. 日本观光资源保护财团. 历史文化城镇保护. 路秉杰, 译. 北京:中国建筑工业出版社, 1991

58. 阮仪三. 历史环境保护的理论与实践. 上海:上海科学技术出版社, 2000

59. 阮仪三. 市场经济背景下的上海历史文化遗产保护. 上海城市规划, 2004, 59(6)

60. 单瑶瑶. 历史地段型滨水区更新中的景观设计. 哈尔滨:东北林业大学, 2007

61. 上海档案馆. 工部局黄事会会议录(第1—4册). 上海:上海古籍出版社, 2001

62. 上海档案馆. 工部局董事会会议录(第16册). 上海:上海古籍出版社, 2001

63. 上海档案馆档案 U1-1-927. 上海公共租界下部局年报, 1914

64. 上海档案馆档案 U1-1-932. 上海公共租界下部局年报, 1919

65. 上海档案馆档案 U1-1-935. 上海公共租界下部局年报, 1922

66. 上海档案馆档案 U1-1-936. 上海公共租界下部局年报, 1923

67. 上海档案馆档案 U1-1-942. 上海公共租界下部局年报, 1929

68. 上海市园林管理局,《当代上海园林建设》编委会. 上海租界时期园林资料索引(1868—1945). 上海, 1985

69. 水边的景观设计. 日本土木学会, 1995

70. 宋言奇. 论城市历史环境的保护设计. 北京:中国社会科学院, 2003

71. 邰学东. 英国城市滨水区开发的经验与启示——以卡迪夫湾和伦敦道克兰码头开发为例. 江苏城市规划, 2007, 157(12)

72. 唐纳德·沃特森, 等. 城市设计手册. 刘海龙, 等, 译. 北京:中国建筑工业出版社, 2007

73. 陶卓杰. 地方性法规《上海市历史风貌区和优秀历史建筑保护条例》的立法及有关情况. 上海城市规划, 2002, 45(4)

74. 王建国, 吕志鹏. 世界城市滨水区开发建设的历史进程及其经验. 城市规划, 2001, 25(7)

75. 王景慧. 城市历史文化遗产保护的政策与规划. 城市规划, 2004, 201(10)

76. 王景慧. 历史地段保护的概念和作法. 城市规划, 1998(3)

77. 王景慧. 论历史文化遗产保护的层次. 规划师, 2002, 18(2)

78. 王景慧,阮仪三,王林. 历史文化名城保护理论与规划. 上海:同济大学出版社,1999

79. 王瑞珠. 国外历史环境保护及规划. 台湾:淑馨出版社,1993

80. 王云. 早期上海外滩公共景观形成机制及其特征研究. 上海交通大学学报(农业科学版),2008,26(2)

81. 王志芳,孙鹏. 历史地段型滨水区景观保护的内容和处理手法探析. 中国园林,2000,16(6)

82. 伍江. 上海百年建筑史(1840—1949). 上海:同济大学出版社,2008

83. 伍江,王林. 上海城市历史文化遗产保护制度概述. 时代建筑,2006,88(2)

84. 吴威,奚文沁,奚东帆. 让空间回归市民——上海外滩滨水区景观改造设计. 园林,2011,231(7)

85. 吴卓平,杨杰,汪惠青. 意大利与美国支持文化遗产保护的公共财政制度比较分析. 中国市场,2010,40(10)

86. 奚文沁,徐玮. 百年外滩,再塑经典——上海外滩滨水区城市设计暨修建性详细规划. 城市建筑,2011,77(2)

87. 肖建莉. 从《威尼斯宪章》到《西安宣言》. 文汇报,2006-02-26

88. 辛慧琴. 意大利古旧建筑保护及改造再利用浅析. 天津:天津大学,2005

89. 徐嵩龄. 第三国策:论中国文化与自然遗产保护. 上海:科学出版社,2005

90. 徐嵩龄,张晓明,章建刚. 文化遗产的保护与经营——中国实践与理论进展. 北京:社会科学文献出版社,2003

91. 薛理勇. 外滩的历史和建筑. 上海:上海社科院出版社,2002

92. 杨·盖尔. 交往与空间. 何人可,译. 北京:中国建筑工业出版社,1992

93. 杨青. 意大利的文化遗产保护. 环球视野,2006(9)

94. 意大利实施文化遗产开发新战略[EB/OL]. (2009-04-16). http://www.gxnews.com.cn

95. 意大利文化遗产的登录编目与信息化管理[EB/OL]. (2006-08-29). http://www.wchol.com

96. 于爽. 城市滨水地区改造更新研究. 天津:天津大学,2004

97. 于一凡. 巴黎市区塞纳河滨水空间的整治与利用. 国外城市规划,2004,19(5)

98. 詹长法. 罗马——无法修复的城邦. 华夏人文地理,2004(1)

99. 张复合. 建筑史论文集(第15辑). 北京:清华大学出版社,2002

100. 张复合. 中国近代建筑研究与保护(一). 北京:清华大学出版社,1999

101. 张广汉. 欧洲历史文化古城保护. 国外城市规划,2002(4)

102. 张建强,汪海峰. 城市滨水区历史文态与空间形态的整合与延续——以杭州市湖滨地区整治规划为例. 浙江工业大学学报,2000,28(7)

103. 张善峰. 城市滨河区公共空间更新. 哈尔滨:东北林业大学,2005

104. 张松. 历史城市保护学导论——文化遗产和历史环境保护的一种整体性方法. 上海:同济大学出版社,2008

105. 张松.历史城镇保护的目的与方法初探——以世界文化遗产平遥古城为例.城市规划,1999(7)

106. 张松.历史文化名城保护制度建设再议.城市规划,2011,35(1)

107. 张松.上海城市遗产的保护策略.城市规划,2006,217(2)

108. 张松.城市文化遗产保护国际宪章与国内法规选编.上海:同济大学出版社,2007

109. 张庭伟,冯晖,彭治权.城市滨水区设计与开发.上海:同济大学出版社,2002

110. 张维亚,喻学才,张薇.欧洲文化遗产保护与利用研究综述.旅游学研究,2007(增刊)

111. 镇雪锋.文化遗产的完整性与整体性保护方法——遗产保护国际宪章的经验和启示.上海:同济大学,2007

112. 郑龙清,薛永理.解放前上海的高层建筑//文史资料委员会.旧上海的房地产经营.上海:上海人民出版社,1990

113. 郑易生.自然文化遗产管理.北京:社会科学文献出版社,2003

114. 中华人民共和国建设部,中国联合国教科文组织全国委员会,中华人民共和国国家文物局.中国的世界遗产.北京:中国建筑工业出版社,1998

115. 周俭,梁洁,陈飞.历史保护区保护规划的实践研究——上海历史文化风貌区保护规划编制的探索.城市规划学刊,2007,170(4)

116. 周俭,奚慧,陈飞.上海历史文化风貌区规划与建筑管理方法的探索.上海城市管理职业技术学院学报,2006,15(2)

117. 朱兵.意大利文化遗产的管理模式、执法机构及几点思考[EB/OL].(2008-03-19).http://www.npc.gov.cn

118. 朱虹.守护城市的"灵魂"——有感于意大利以法律为依据保护历史文化景观.世界文化,2010(8)

119. 朱梦华.上海租界的形成及其扩充.上海:上海社会科学院出版社,1983

120. 朱嵘,俞静.从上海外滩建筑改造更新看历史街区的生命力再造.时代建筑,2006,88(2)

121. 朱文一,张弘,范路.外滩映像——上海外滩滨水区概念性城市设计.北京:清华大学出版社,2009

122. 朱晓民.意大利中央政府层面文化遗产保护的体制分析.世界建筑,2009,228(6)

外文文献

1. AA,VV. Girovagarno, Percorsi in bici ed a Piedi Lungo l'Arno, 2006

2. Chemetoff A, Lemoine B. Sur Les Quais. Paris: Ed. Du Pavillon De L' Arsenal, 1998

3. ANN Breen, DICK Rigby. The New Waterfront: A Worldwide Urban Success Story. London: Thames and Hudson; New York: McGraw-Hill, 1996

4. ANN Breen, DICK Rigby. Waterfronts: Cities Reclaim Their Edge. New York: McGraw-Hill, 1994

5. ANTONUCCI Donato. Codice Commentato dei Beni Culturali e del Paesaggio. 2nd ed. Napo-

li; Sistemi Editoriali, 2009

6. ASCT. Affari Lavori Pubblici, cart. 46, fasc. 2, n. 1

7. ASCT. Affari Lavori Pubblici, cart. 46, fasc. 2, n. 2 bis

8. ASCT. Affari Lavori Pubblici, cart. 46, fasc. 2, n. 3, Lettera del Comitato per l'abbattimento del Moschino al Sindaco, 21 gennaio 1872

9. ASCT. Affari Lavori Pubblici, cart. 54, fasc. 8, n. 5, Lettera del signor Giuseppe Lana al sindaco, 21 fabbraio 1873

10. ASCT. Affari Lavori Pubblici, cart. 54, fasc. 9, n. 2

11. ASCT. Affari Lavori Pubblici, cart. 59, fasc. 4, n. 5

12. ASCT. Affari Lavori Pubblici, cart. 68, fasc. 11, n. 16

13. ASCT, Affari Lavori Pubblici, cart. 74, fasc. 6, n. 2

14. ASCT, Affari Lavori Pubblici, cart. 81 bis, fasc. 27, n. 0

15. ASCT. Affari Lavori Pubblici, cart. 89, fasc. 9, n. 1, Lettera dei proprietari in Vanchiglia al sindaco, 21 luglio 1879

16. ASCT, Affari Lavori Pubblici, cart. 119, fasc. 11, n. 0

17. ASCT, Affari Lavori Pubblici, cart. 119, fasc. 11, n. 1

18. ASCT. Affari Lavori Pubblici, cart. 129, fasc. 7, n. 1

19. ASCT. Affari Lavori Pubblici, cart. 140, fasc. 10, n. 2

20. ASCT, Affari Lavori Pubblici, cart. 158, fasc. 11, n. 1.1

21. ASCT. Affari Lavori Pubblici, cart. 158, fasc. 11, n. 1.2.

22. ASCT. Affari Lavori Pubblici — Settore Ponti Canali Fognature, cart. 34, fasc. 4, s. n.

23. ASCT. Atti del Municipio, seduta n. 1 del 28 giugno 1907, § 5

24. ASCT. Atti del Municipio, seduta n. 1 del 5aprile 1907, § 4

25. ASCT. Atti del Municipio, annata 1873, parte II, n. 122, 12 luglio 1873

26. ASCT. Atti del municipio, seduta n. 4 del 25 giugno 1906, § 4

27. ASCT. Atti del municipio, seduta n. 6 del 7 marzo 1898, § 3

28. ASCT. Atti del Municipio, seduta n. 8 del 10 gennaio 1872, § 2

29. ASCT. Atti del Municipio, seduta n. 9 del 4 aprile 1860, § unico

30. ASCT. Consiglio Comunale, verbale della seduta n. 11 del 28marzo 1888, § 9

31. ASCT. Consiglio Comunale, verbale della seuta n. 17 del 30 gennaio 1878, § 3

32. BARRERA Francesco, COMOLI Vera, VIGLIANO Giampiero. Il Valentino, un Parco per la Città. Torino; Celid, 1994

33. BERGERON Claude. La Piazza Vittorio Veneto e la Piazza Gran Madre di Dio. Studi Piemontesi, 1976, 2

34. BIGLIETTI Regi. Luciano Tamburini, Il Tempio della Gran Madre di Dio. Torino, 1969, 2

35. CAMMELLI Marco. Il Codice dei beni Culturali e del Paesaggio 2004. Bologna: Società editrice il Mulino, 2004

36. CAPELLINI Lorenzo, COMOLI Vera, OLMO Carlo. Turin. Torino: Allemandi, 2000

37. CARDOZA Anthony L, SYMCOX Geoffrey W. A History of Turin. Torino: Einaudi, 2006

38. CAVAGLIA Gianfranco. Progetti Integrati d'Ambito a Torino: Complesso dei Murazzi del Po, via Giuseppe Garibaldi, Piazza Vittorio Veneto. Torino: Celid, 2009

39. CHANG Ting Chien, HUANG Shirlena. Recreating Place, Replacing Memory: Creative Destruction at the SingaporeRiver. Asia Pacific Viewpoint, 2005, 46(3)

40. CLAUDIO Daprà, PIERO Felisio, DARIO Lanzardo. Il Parco del Valentino. Torino: Capricorno, 1995

41. COMOLI Vera. La Capitale per Uno Stato: Torino, Studi di Storia Urbanistica. Torino: Celid, 1983

42. COMOLI Vera, ROCCIA Rosanna, COMBA Rinaldo. Progettare la Città: l'urbanistica di Torino tra Storia e Scelte Alternative. Torino: ASCT, 2001

43. COMOLI Vera, ROCCIA Rosanna. Torino Città di Loisir: Viali, Parchi e Giardini tra Otto e Novecento. Torino: ASCT, 1996

44. COMOLI Vera. Torino. Roma: Laterza, 1983

45. CORNAGLIA Paolo, LUPO Maria Giovanni, POLETTO Sandra. Paesaggi Fluviali e Verde Urbano: Torino e l'Europa tra Ottocento e Novecento. Torino: Celid, 2008

46. CORNAGLIA Paolo. Parchi Pubblici, Acqua e Città : Torino e l'Italia nel Contesto Europeo. Torino:Celid, 2010

47. Council of Europe/ERI Carts. Cultural Policies in Europe: A Compendium of Basic Facts and Trends, 2003.

48. EDWARD Relph. The Modern Urban Landscape. Baltimore: The Johns Hopkins University Press, 1987

49. EMILIO Gioberti. Abbattimento del Borgo del Moschino e Costruzione di Murazzi — Deliberazione della Giunta e Relazione della Commissione Eletta dalla Giunta per Mandato del Consiglio Comunale. Torino: Eredi Botta, 1872

50. ERMINIL. Linee Guida Gestionali per gli Ambienti Naturali e Semi-naturali Lungo il Corso dell'Arno, 2007

51. European Cultural Heritage Forum. Cultural Heritage and Sustainable Economic and Social Development

52. FEILDEN B M, JOKFLEHTO J. Management Guidelines for World Cultural Heritage Sites. Rome:ICCROM, 1993

53. FERRARA Miranda. Protezione del Patrimonio Architettonico Excursus Storico degli Strumenti Legislativi

54. FOGG George E. Park, Recreation & Leisure Facilities Site Planning Guidelines. National Recreation & Park Association, 2005

55. FRANK Edgerton. Making the River Connection. Landscape Architecture, 2001(2)

56. GALLENMÜLLER Tanja. Mind the Gap, Zwischennutzung von Leerräumen am Beispiel des Quartiers Boxhagener Plaz. Berlin: CopyTake, 2003

57. GE' Luciana. Periodo 1850—1860// BARRERA Francesco, COMOLI Vera, VIGLIANO Giampiero. Il Valentino, un Parco per la Città. Torino: Celid, 1994

58. GIORGIO Piccinato. Changing Perspectives in Planning for Historic Centers. 15th General Assembly of ICOMOS

59. HONOLD Veronika. Spreeraum Fridrichshain — Kreuzberg. Berlin: Senatsverwaltung für Stadtentwicklung, Kommunikation, 2001

60. HOYLE B S, PINDER David, HUSAIN M Sohail. Revitalising the Waterfront: International Dimensions of Dockland Redevelopment. London: Belhaven Press, 1988

61. ISABELLA Lami. Genova: il Porto Oltre l'Appennino: Ipotesi di Sviluppo del Nodo Portuale. Torino: Celid, 2007

62. JANE Jacobs. The Death and Life of Great American Cities. New York: Random House, 1961

63. JUKKA Jokilebto. A History of Architectural Conservation. Oxford: Butterworth Heinemann, 2002

64. JUKKA Jokilehto. Considerations on Authenticity and Integrity in World Heritage Context. City&Time 2 (1)[EB/OL]. http://www.ct.ceci-br.org

65. Le Schema Directeur de la Region Ile-De-France. Paris: Dreif, 1994

66. London Planning Advisory Committee. Advice on Strategic Planning Guidance for London, 1994

67. London Planning Advisory Committee. Planning for Great London, 1998

68. MACHAEL Petzet. Principles of Preservation — An Introduction to the International Charters for Conservation and Restoration 40 Years after the Venice Charter[EB/OL]. http://www.international.icomos.org/venicecharter2004/petzet.pdf

69. MAIER Julia. Raumlaborberlin: Acting in Public. Berlin: Jovis Verlag, 2008

70. MARISA Maffioli. Po, Dora, Sangonesutra nel Territorio Torinese: Materiali per l'Analisi del Rapport fra Paesaggio Fluvial e Paesaggio Urbano, 1978

71. MARTINI Giovanni. Interesse Pubblico e Strumentazione Urbanistica 2007: L'interesse Pubblico nella Interpretazione Dottrinale del Contributo Giurisprudenziale su Natura Giuridica e Re-

gime del Piano Regolatore Generale. Torino: G. Giappichelli Editore, 2007

72. Ministere de L' Equipement. Projects Urbains en France, 2002

73. OVERMEIYER Klaus. Urban Pioneers. Berlin: Jovis Verlag, 2007

74. PAOLO Galli. Cultural assets for sale. A Comment on the Italian Code for the Cultural Assets and Landscape, 2005

75. POLLAK Martha D. Turin 1564—1680: Urban Design, Military Culture, and the Creation of the Absolutist Capital. Chicago, London: The University of Chicago Press, 1991

76. RE Luciano. Schede degli Elementi Architettonici e Ambientali Caratterizzanti, in Citta di Torino. Concorso Internazionale Cit

77. RINIO Bruttomesso. Waterfront: A New Frontier for Cities on Water. Venice: International Centre Cities on Water, 1993

78. RINIO Bruttomesso. Waterfront: Una Nuova Frontiera Urbana. 30 Progetti di Riorganizzazione e Riuso di Aree Urbane Sul Fronte d' Acqua. Venezia : Centro Internazionale Cittá D' Acqua, 1991

79. SALAMONE Luca. Breve Introduzione alla Disciplina Urbanistica.

80. TORRE L Azeo. Waterfront Development. New York: Van Nostrand Reinhold, 1989

81. ULIVIERI L, ERMINI L. ARNUM Ad. Verso un Parco Fluviale dell'Arno, 2005

82. ULIVIERI L, ERMINI L. Un Parco Fluviale dell'Arno, 2006

83. UNESCO. World Heritageand Contemporary Architecture: Towards New Conservation Standards[EB/OL]. http://portal. unesco. org/en/ev. php-URL_ID = 27359&URL_DO = DO_TOPIC&URL_SECTION=201. html

84. VIGLINO Davico Micaela, COMOLI Vera. Beni Culturali Ambientali nel Comune di Torino. Torino: Società degli Ingegneri e degli Architetti in Torino, 1984

85. VIGLIANO Giampiero. Beni Culturali Ambientali in Piemonte: Contributo alla Programmazione Economica Regionale. Torino:Centro di Studi e Ricerche Economico-sociali, 1969

86. WILLAMA Mann. Landscape Architecture: An Illustrated History in Timelines, Site Plansand Bingraphy. New York: John Wiley and Sons, Inc, 1993

87. YEUNG Yue-man, SUNG Yun-wing. Shanghai: Transformation and Modernization under China's Open Policy. Hongkong: The Chinese University Press, 1996

88. ZAMAGNI Vera. The Economic History of Italy 1860—1990. Oxford: Oxford University Press, 1998